规模思维

NOT TO SCALE

How the Small
Becomes Large,
the Large
Becomes Unthinkable,
and the Unthinkable
Becomes Possible

［美］贾默·亨特（Jamer Hunt）著
孙阳 孙文龙 译

中信出版集团 | 北京

图书在版编目（CIP）数据

规模思维 /（美）贾默·亨特著；孙阳，孙文龙译
. -- 北京：中信出版社，2022.7
书名原文：Not to Scale
ISBN 978-7-5217-4318-0

Ⅰ.①规… Ⅱ.①贾… ②孙… ③孙… Ⅲ.①社会思维学 Ⅳ.① B80-05

中国版本图书馆 CIP 数据核字（2022）第 077789 号

Not to Scale
Copyright © 2020 by Jamer Hunt
Published by arrangement with Aevitas Creative Management, through The Grayhawk Agency Ltd.
Simplified Chinese copyright © 2022 by CITIC Press Corporation
All rights reserved

规模思维

著者：[美] 贾默·亨特
译者：孙阳　孙文龙
出版发行：中信出版集团股份有限公司
（北京市朝阳区惠新东街甲 4 号富盛大厦 2 座　邮编 100029）
承印者：嘉业印刷（天津）有限公司

开本：880mm×1230mm 1/32　　印张：8.25　　字数：155 千字
版次：2022 年 7 月第 1 版　　印次：2022 年 7 月第 1 次印刷
京权图字：01-2020-4620　　书号：ISBN 978-7-5217-4318-0
定价：69.00 元

版权所有·侵权必究
如有印刷、装订问题，本公司负责调换。
服务热线：400-600-8099
投稿邮箱：author@citicpub.com

谨以此书献给辛西娅·霍尔特·亨特

目 录

推荐序 规模的变化如何重塑可能性 _v
　　　引言 1GB 有多重 _xi

01　第一章 科学的精确性
音箱上的刻度 _003
千克原器 _008
地精实验 _016
海岸线悖论 _019

02　第二章 图底关系
人的异化 _027
尺度感 _031
不稳定的图底关系 _038
纳米碳管黑体 _045

03 第三章 突破极限

信号何以成为噪声？_051
蚂蚁能够学习阅读吗？_055
相变 _058
量子态叠加 _061
"与事实不符" _064
数位时代的"免费"与"价值" _067
何为大数据 _073
大数据带来的新价值来源 _080

04 第四章 不易觉察的暴力

"死神"无人机 _089
持续监控系统 _094
DDoS 攻击 _097
重新赋予数据以生命 _106

05 第五章 给无形赋予形式

令人麻木的数字 _111
奇妙的糖宝贝 _121

06 第六章 标量框架

10 的次方 _129
10 的次方标量框架 _138
标量框架的应用 _151
标量框架的陷阱 _156

07 第七章 搭建脚手架

自上而下和自下而上的系统 _161
脚手架：一个媒介框架 _169
搭建脚手架：如何开始？ _172
Linux 操作系统的启示 _176

08 第八章 拥抱复杂性

野猪和棘手问题 _187
重构交通系统 _199

09 第九章 "存在"问题

地图不等于领土 _209

致 谢 _217
注 释 _221

推荐序
规模的变化如何重塑可能性

前些年流行一个词,叫作"互联网思维",业界人人挂在嘴上,尽管没有谁能确切说清它是什么。不过有一种总结被很多人奉为金科玉律,即互联网生意必须是"可扩张的"(scalable),它是互联网公司的真正价值所在。如果不能规模化发展(scale up),既不会有所谓的"长尾",也不会出现"平台"。风险投资都热衷于"先花大钱搞开发,然后利用最小的边际成本快速扩张,实现规模化能力(scalability)"的商业模式。

"它能上规模吗?"这几乎是所有人对任何新事物——初创企业、技术、想法——所提出的第一个问题。从小规模开始是可以的,但更大的规模几乎总是被认为更好,或者至少更有利可图。英文中的"规模"(scale)一词来自拉丁语 scala,意思是"阶梯",求规模似乎具有十足的正当性,因为众人皆知,在这个世界上,往上爬总比往下滑要好。

然而,汲汲于这种逻辑,我们失去了对何为适当、什么又真正有效的感觉。这种平衡感正是贾默·亨特（Jamer Hunt）在《规模思维》中试图恢复的。该书的英文书名 Not to Scale，如果直译的话，应该是"非规模化"，探讨如何通过将大量的问题缩小到合适的尺度，来实现积极的变化并适应当代社会。

亨特想要表达的是，提高规模并非在所有时候都可取。甚至还会出现极端的情况："规模与力量不再相关：力量越小、越不可见，其危险性越大。规模已经被颠覆。"现实中，"面对在跨越不同尺度或规模时遇到的各类问题，人们很容易变得麻木。与此同时，每一个局部挑战都被卷入了一个复杂的影响网络中。如此一来，即便是解决小范围的局部问题也会受到更大范围内的条件约束，这种情况着实令人头疼"。

着眼于此，《规模思维》跨越学科和主题，试图对我们目前的社会困境进行透视，并概述在许多"破碎"系统中导航的设计策略。在某种程度上，它构成了我们当前文化的一张 X 光片，既给出了对我们眼下病状的诊断，也提供了驾驭规模变化所带来的复杂性的处方。

身为纽约新学院的设计学教授，亨特首先讨论了作为人类建构的规模尺度。温度、长度、尺寸、时间的整套测量概念，源于我们对混乱世界施加某种秩序感的需要，因为我们既要舒适地置身其中，又要对其进行量化。

前者是本能的行为。所有的动物，包括人类，都会往舒适的地方靠拢——看看蜷缩在房间一角的狗就知道了。而量化的能力大概是人类独有的，尽管它仍然植根于身体的经验。在英文中，

"英尺"和"脚"是同一个单词,不是没有道理的。中国也有类似的测量体验,《大戴礼记·主言》引孔子语:"布手知尺,舒肘知寻。"

然后,我们逐渐从身体上的衡量标准转向更抽象的衡量标准——从法国大革命期间引入的"公制"(也叫"米制")开始,人类一直寻求精确且通用的衡量体系,究其根本,所有衡量方式都不过是人类的一种知识建构。直到今天,我们又开始转向应用程序和设备来衡量物理世界,它们的特点是数字化和电子化。随着这些程序和设备日渐统治我们的生活,规模显然已与人的经验和感知完全脱节。数字化的非物质和网络的纠缠正在改变我们对规模的看法和概念,并使我们将因果——就设计而言,是设计初衷与结果——联系起来的能力发生动摇。

对此,应对之道是,必须开始把规模理解为一个思考当下的概念性框架。这促成了亨特称之为"标量框架"(scalar framing)的想法,即建立一个从规模的角度进行思考的开创性框架。该框架借用了埃姆斯夫妇的电影技术:起先从一米之外的地方观看一个一米宽的场景;接着,每隔10秒钟,再从10倍远的距离之外观看这个地方,视野也随之加宽10倍。就这样,从个人到邻里,到地区,最终是地球——这时我们已到达10^7的距离。而在比例达到10^{24}时,地球本身也变成了一个微不足道的小斑点,在浩瀚的宇宙中相形见绌。

亨特说,从人到整个城市,再到行星乃至宇宙,每一次连续的向外的缩放都会重新构建视图,为我们提供新的信息、新的视野和新的思考语境。向内的缩放也是一样。如此构建标量框架就会发现，随着系统规模的扩大或缩小，总会出现新的机会。"就像水在沸点变成水蒸气，或者一只普通的毛毛虫变成一只充满活力、五彩斑斓的蝴蝶一样，当系统规模随着镜头的放大或缩小而发生变化时，我们遇到的各类问题也会发生相变——在这一过程中新的机遇也会显现。"

标量框架可以给我们提供一种灵活的方法，通过复杂的分层来鉴定被忽视的机会、有利害关系的人、制约因素、合作者和新的认识。它也显示出我们常用的两种类型的解决方案的利弊。一种是自上而下的解决方案，这种解决方案可以快速扩展，但很少接受最接近问题的人的反馈；另一种是自下而上的解决方案，这种解决方案缓慢且不可预测，很少能对涉及趋势的转变做出较好的反应。

如果说问题与解决方案之间存在鸿沟，那么自下而上不是建桥的最好方法，但自上而下则不能保证桥会建在需要的地方。为此，亨特提出了一种中间方法，他称之为"搭建脚手架"：设计一个处于中间的框架，它不属于事物本身（脚手架并不构成建筑物的一部分），而是促成许多不同的配置（以便使建筑保持其本身的形式）。这样做的目的不是创造出某个单一的理念，而是为各种结果的出现创造可能的条件。

挑战由此就转移到如何设计协议，以便使更多人能够为集体创造和决策过程做出贡献。脚手架是一个类比：它是从上面设计的，搭建它需要知识，同时必须对过程有所体察。但它同时是自下而上的，必须设计一个开发过程鼓励来自下面的输入，以便捕捉大众的智慧，将很多人的理念综合、优化并使之在最大限度上得以实现。作为一种"中间框架"，它必须内嵌持续的反馈循环回路，将脚手架搭建者同社区连接起来；也必须拥有各种迭代路径，允许过程的结果按照内部逻辑发展，虽然这种逻辑一开始不太明朗。这意味着要随着时间的推移定期调整和修改，不断试错和迭代。

这是一种系统方法，一种在后命令和控制世界中施加方向的方式。所以，我推荐将这本书结合德内拉·梅多斯的《系统之美》一起读，为的是学会整体地、动态地、连续地思考问题，这既是系统思维的要求，也是规模思维的要求。

规模思维，最精妙的例子就是把"10的次方"应用于提高城市自行车骑行率。在10的1次方的尺度上，这种规模的设计可邀请工业设计师来尝试。然后，通过每个次方的加大（例如，10的3次方会邀请城市规划师，而10的6次方和7次方则需要公共政策、供应链、劳工实践等的卷入），贾默揭示了设计中最重要的成分：参与。深读本书，它将改变你对设计、商业、经济和政治系统的思考方式。

胡泳

北京大学新闻与传播学院教授

引 言
1GB 有多重

以前，水准器、室外温度计、指南针和闹钟之类的工具都产自工厂，被我们存放在工具箱里，或是摆在床头柜上。现如今，它们都已变成与我们的智能手机免费绑定的"应用程序"，用指纹识别或手指轻轻一按便可瞬间启用。记得小时候，我们常将软木塞、缝衣针和磁铁拼在一起制作指南针，又或用棍子和石头搭建日晷。现如今内置于智能手机的指南针和时钟都是由微电路、电子、代码行和发光像素组成的，仿佛是小精灵用精灵粉变出来的一样。就这样，有形的机械工具消失于无形的智能程序之中，这一转变不可谓不神奇。几乎没人知道该如何调试（更不用说敢去调试）手机里的指南针。我们到底从哪里能找到它……它到底是什么？

上述每一件物品（水准器、温度计、指南针和闹钟）无不在帮助我们掌握尺度，将方位、温度、方向与时间等无形之力化作可以被感知、被认知的有形之力。量度始于感知，秩序源于混沌。

探测物体表面水平与垂直的水准器（也被称作酒精水平仪，见图1）让我们获得空间定位。它的工作原理非常简单：装在有色乙醇（又称酒精）填充的玻璃管中的气泡会根据物体表面的水平度进行左右摇摆、上下浮动。当气泡不偏不倚地停留在机器刻印的标记或刻度之间时，我们便获取了物体表面或水平或垂直的具体位置。温度计的工作原理同样简单：在一个密封的小玻璃管中装入少量水银（又称作汞），由于水银对温度极其敏感，会热胀冷缩，所以一旦将小玻璃管垂直摆放，其中的水银柱便会随着温度的升高而上升，随着温度的下降而下降。印在小玻璃管上的刻度标记使温度变化的数值变得更加精准，我们由此判断今天出门是穿一件薄毛衣还是一件厚外套。水准器、温度计、指南针和闹钟以它们明确可辨的运行原理让我们觉得放心可靠。事实上，它们无一不在与看似不可控制的无形力量交互作用，并将这些力量转化成我们可以认知的内容。

随着工程师和设计师们将这些工具转化为内置于智能手机深处的应用程序（见图2），原本相对笨拙的手机一下子变成了加强版的"多功能瑞士军刀"。截至2019年，苹果手机的应用商城里拥有超过200万个应用程序。也就是说，一部智能手机可以提供200万种不同的功能配置。在过去的半个世纪里，这种将可知的物理世界非物质化为无限小的发光像素的技术不仅改变了我们的社会经济和物质生活，还重塑了我们的感知世界。以往我们从各类旅行社、记者甚或是站在街边或社区店铺门前的朋友那里获取的信息与服务，现在都以各种复杂的算式存在于智能手机的应

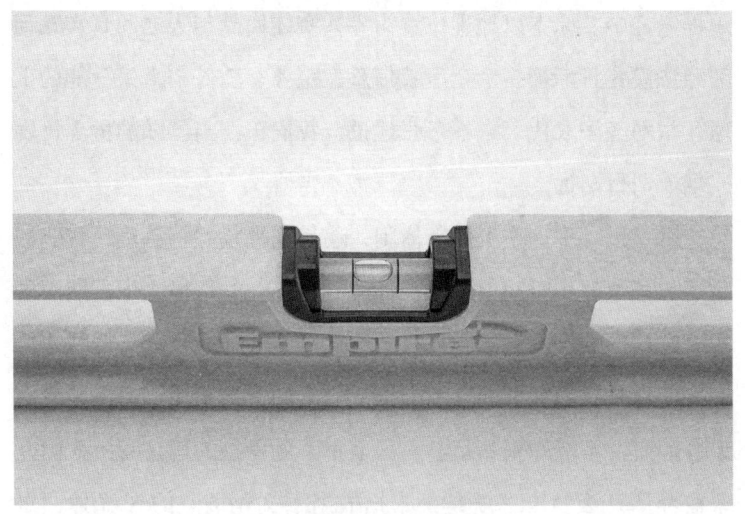

图 1　传统的水准器

图 2　数字水准器

用程序之中。原本以地理位置为界，实体商品与人之间真实互动的经济模式日渐被一个充斥着信息、服务、软件与人工智能的全球互联网经济取代。毫不夸张地说，我们正在与已知的世界尺度或规模渐行渐远。

每一天，不论是工作、休闲，还是刷视频、玩游戏，我们的眼睛和耳朵都长时间地沉浸在各类数字媒介的环境之中。然而事实上，我们的感官根本无从有效感知这些环境的物理特征。如果说尺度化是我们在周围环境中定位自己的一种手段，那么当我们无法触摸，不能闻到和品尝，甚至看不见事物的运转时，我们究竟在经历什么？本书就是一张扫描当下文化节点的X光片，立足于设计、技术与文化，涉及科学、政治、摄影、人类学、系统思维和商业创新等多个领域，以展示微妙的尺度或规模变化所产生的具有普遍性的扭曲效应。尺度不仅仅是衡量我们周遭事物尺寸的一种方法，更是一个无比强大的概念框架。我们创造出的各种尺度反过来也在塑造着我们，尽管我们很少注意到这一点。我们透过尺度耐人寻味的复杂性进行思考与行动，这或许是我们在动态变化的世界中蓬勃发展的最佳策略。

尺度、规模，这些名称听上去简洁易懂。然而，它们恰是那些你思虑越久便越觉得难以捉摸的概念之一。通常，我们会简单地将之理解为一种评定事物大小的方式。《剑桥词典》给出的定义是："一组用以衡量或比较事物的数字系统。"对很多人而言，尺度或规模不过是归纳信息、搜集各类事实的一种工具。譬如，音乐家将音阶理解为顺次排列音符的一种特殊支架；城市规划者使用比例尺来区分地理亚单元；企业将规模视作评估产能或销售业绩的一种方式。由此可见，尺度、比例、规模、程度是一系列极其灵活的概念。它们既被用于精确描述物体的物理属性，诸如长短、轻重、冷热，又被用于形容一些难以准确测量的情况，比如头疼的程度或粉碎的状况。

我们借由尺度或规模来掌握无形。通过日历与时钟所标记的月份、小时、分钟和秒，我们在一个持续不断的天文或昼夜节律中自我定位。地图与指南针帮助我们在空间中确定方位。这些在我们的感知世界中早已根深蒂固、稳如磐石的测量系统让我们误以为线性的时间、日历上的日期和基本的方位自然而然地成为物质世界的一部分。事实上，它们不过是人类构建的知识体系。我们将之架构在日常经验之上，从而使我们的生活变得更有意义。

电子邮件让教授们变傻了吗？

最近，我扫描了一下自己的笔记本电脑硬盘，蓦然发现里面竟保存了超过180万份文件。我感觉自己对其中的大部分文件一无所知，也想不起来当初究竟为何保存它们。几年前我才知道什么是GB（千兆字节），而现在我的硬盘已经朝着TB（万亿字节）的方向飞速发展。我的笔记本电脑里存有数以万计的家庭照片、家庭录像、抵押贷款材料、护照申请材料、音乐文件、书稿、密码文件、标记过的电子书、体检报告、各类应用程序、操作系统以及连我自己都不知道是什么的其他东西。这些文件数量还在不断攀升。

如此一来的一大好处是,过去20年里我的身边不再堆满杂物,我也用不着把它们堆在满是灰尘的地下室里。有序嵌套的文件图标已然取代了压缩成型的纸板箱。原本伸手可及的物质世界已化作无数个0和1组成的一系列程序与反复操作的"打开—关闭"。现在,这一切与我之间不过是指尖轻触的距离。它们不再是原子与分子的排列组合,而是可以被内置于电子设备中的共享电子与代码。这种电子设备如此轻薄,以至可以毫不费力地滑入马尼拉信封①之中。出人意料或者说让人感觉自相矛盾的是,就在我的数字生活不受控制地无限膨胀之时,我的笔记本电脑的尺寸却在不可思议地逐渐缩小。几乎每换一台新的笔记本电脑都是内存越来越大,体积越来越小。多既是多,多也是少。尺度或规模显然已与我们的经验和感知完全脱节。

这些转变不仅事关技术革新,而且带来了一系列始料未及的关乎"存在"的问题。譬如,我所有的工作以及大部分的个人经历都以一种我摸不到、看不见的方式存在。这种方式让我倍感困扰,因为数字存储会瞬间丢失或崩溃。倘若如此,这对我来说究竟意味着什么?长久以来,我们对构成我们工作和生活的事物的尺度或规模了如指掌——看一眼,我们就知道文件柜的大小;抬起来,我们就可以估重;甚至闻一闻,就能感受到纸张历经岁月

---

① 马尼拉信封是一种专门用于运输文件的彩色信封。它由厚实耐用的马尼拉纸制成,并且尺寸确定,由此整张纸可以放入其中而不会被折叠。——译者注

的发霉味道。然而今天，关于"我"的一切都飘浮在一个我几乎无从认知的数字以太之中。所有这些电路和电子正在以一种奇特的方式塑造着我并成为我生命历程的一部分。我不由得想：1GB究竟有多重？

一个现代的数字程序操作起来就像电子邮件一样简单。我们输入信息，点击发送键，邮件便会沿着某种管道瞬间抵达目的地——收件箱。其中的逻辑其实是违背常识的。电子邮件通过一个分组交换协议到达目的地：把要发送的电子邮件分割成多个微小的部分，分散到多个互联网服务器中，在全球范围内传输，然后在另一端重新组装。对于那些超越大多数普通人想象力的通信服务来说，这个交换协议只是相对容易理解的通信服务方式中的一个例子。这与把信息绑在鸽子腿上传输的方式大相径庭。

近期的《纪事报》（*Chronicle Review*）在头版头条提出了一个富有挑衅性的问题："电子邮件让教授们变傻了吗？"[1] 商业电子邮件服务已经推出30年了，我们仍在努力应对这一数字转型带来的影响。正如讲故事和表演随着从电影视觉尺度向电视视觉尺度的转变而改变一样，我们交流的方式也随着从传统的邮票邮件向电子邮件的转变而改变。现如今，职场人士每天收到100多封电子邮件并不罕见，这是实体邮件时代从来不会发生的事情。媒介的转变催生出了各种新的行为（过分热情的抄送、没完没了的聊天、垃圾邮件），我们现在深陷其中，以至我们必须质问它是否真的让我们变笨了。尺度或规模的转变导致了各类社会行为的连锁转变，人们逐渐意识到，这种媒介正在扼杀我们的专注力和工作能力。

如果尺度或规模的各种古怪特点只存在于笔记本电脑和台式电脑的内部运作过程中，那么我们完全可以将它们视为技术怪癖而不予理会。然而，我对笔记本电脑带来的问题所产生的困惑，只是尺度或规模的结构性转变的表征之一——我们许多人都体验过，只是大多数人没有注意这一点。更为重要的是，在比笔记本电脑存储问题和电子邮件困惑更为广阔的社会问题上，我们也会遇到这些干扰。

用纸袋还是塑料袋？

本书探索了我们在各类不可预测的系统中的位置、重塑这些系统的力量，以及我们在与它们互动时所产生的令人焦虑的不确定性。我们渴望知道自己微不足道的个体行为怎样才能带来更多的积极影响，但问题是，简单的因果思维经常被标量变化的冲击颠覆。通过人类的努力，我们推动尺度或规模的发展：我们制造出更大、更快、更结实、更细微甚或更复杂的东西。但我们也必须认识到，尺度或规模会反过来影响我们。它的行为往往难以驾驭，其影响不可估量。尺度或规模造成的这些现象会产生破坏作用，扰乱我们的自我意识，并阻碍我们处理复杂问题的能力。

"用纸袋还是塑料袋？"也许没有比这更能体现我们的现代困境的问题了。为了周二回家做一顿晚餐，我们会去超市采购东西。结账的时候，我们通常会遇到这个简单的问题。但这个问题往往会让我们愣在收银通道那里：一个看似无足轻重的选择却引发了一系列意想不到的问题。在那个无关紧要的时刻，我们的决定会不会导致更多的树木被砍伐、碳封存的损失、自然冷却过程的下降，以及运输成本的增加呢？这些有害的、不可再生的化石燃料产品（塑料袋）被使用过后，在垃圾填埋场分解的时间会超出我们的想象。我们的决定会不会使塑料袋的生产永久化？每个问题都会引出另一个问题，地球的命运似乎处于悬而未决的状态。倘若在一个更简单的时代，这可能只是一个出于便利或个人偏好而做出的决定，结果现在却演变成了一个在全球范围内都难以解决的道德难题。我原本以为自己找到了解决这个进退两难的问题的办法：我开始自带帆布包。哈……问题就这样解决了！直到我发现，我们购买的很多可重复使用的帆布包采用的是一种能源密集型工艺，包含危险的铅基印刷材料。这些帆布包的生产过程不仅会污染生产区域的地下水，包上含铅的印花还会渗入袋子里的食品上。[2]

用纸袋还是塑料袋？购买还是租赁？线下购物还是网购？坐飞机还是拨打网络电话？公立还是私立？走可持续之路还是便捷之路？快还是慢？回收还是再利用？在权衡是否将危及我们的社会、环境和未来技术方时，以上每一个日常生活中遇到的困境（相对于我们个人的生活范围，它们都是些小问题）的重要性都会大大扩展。尺度或规模的各种意外变化打乱了因果关系和我们理解事物运作机理的能力。它们重构了我们对世界的概念（心）

和对世界的感知（身）之间的关系。过去能借助策略、工具、知识和周围人的帮助来解决的各类挑战，不再以完全相同的方式做出回应。不仅如此，给各类现实问题划定界限也变得难上加难。

如果我们想帮忙改善本地的公立学校，那么我们是关注教室（教材、课桌、照明、作息表、课程表）还是关注教师？考虑到许多城市中心学区的可支配资金严重不足，我们是应该从学区本身开始着手，还是从无法为这些学区提供足够资金的地方政府、州政府或国家政府这个体系着手？还是应该关注工会？或者是提供资金的税务法？但是，也许会像一些专家指出的那样，在这些社区的社会和经济前景改善之前，我们看不到经费不足的学区儿童的成绩有任何改善。还是说我们要先克服根深蒂固的系统性种族主义？又或者是改善我们的公立学校？考虑到众多的尝试已经失败，我们到底应该从哪里开始？如果我们连是否使用纸袋这个问题都解决不了，又何谈去改善我们的学校？单纯地决定从何处下手，会使诸如此类的"棘手问题"更加无法解决。比如关心此事的家长们是应该从学生、教室、学校、教学系统，还是从地方政府、州政府或国家政府的角度着手解决这个问题？每一个层面的因素和参与者似乎都会添乱。如果从教师或者政界人士的角度入手，情况会有所不同吗？

现在，一个相对狭窄领域的问题瞬间从四面八方引起反弹。原本在地方政府层面应该能够解决的问题，如今因规模和范围变得复杂。这并非什么新鲜事：几十年来，专家们一直教导我们，只有放眼全球，立足本地，才能解决此类混乱问题。但这么做的一个假设前提是,"全球化"思维必须是简单直接的。当全球化思维本身变得如此复杂而笨拙,以至每一个问题看起来都令人绝望地混乱和不可衡量时,会发生什么呢?

如果通过简单的设计、计划和行动就可以解决我们这个时代最棘手的问题,那就太好了,但我们几乎没有这方面的证据。比如,尽管数十年来人类对气候变化有了令人震惊的发现,但面对一场显而易见、迫在眉睫而又无可争议的全球气候灾难,我们几乎没有任何集体回应。同样,美国(按国内生产总值计算,美国是世界上最富裕的国家)经济弱势社区的公立学校系统也处于上述混乱状态,以至脸书创始人马克·扎克伯格向新泽西州的纽瓦克市(该市人口只有275 000)的公立学校系统投入1亿美元以改变这个苦难学区的现状,结果却收效甚微。[3] 我们的政治体系内部充斥着不受监管的现金,我们的政治家已经失去了妥协的能力,更不用说就尚未解决的问题达成一致了。无论走到哪里,我们都能看到各种真实需求与失灵或崩溃系统的残骸混杂在一起:我们的公共基础设施、医疗卫生、食品系统、极端恐怖主义、刑事司法、垃圾处理……这样的例子不胜枚举。《纽约时报》专栏作家戴维·布鲁克斯在2017年的一篇评论文章的标题中大胆宣称:"这个世纪已经破碎了"——此时人类进入21世纪还不到20年。

我们在互联网上搜索"破碎的系统"这个词条,可以发现关于全球变暖、经济发展不平衡、医疗卫生、立法程序、公共教育、刑事司法甚至大学体育的文章的链接。看起来似乎我们拥有的信息越多，我们的效率就越低。这种令人不安、不知所措的感觉让我们彻夜难眠，感觉无所适从，这是我们不适应当下语境的一种症状。在这种环境中，各种规则以我们意想不到的方式发生扭曲，而身处其中的我们则像穿着轮滑鞋站在溜冰场上一样，挣扎着向前。从多个角度观察，我们可以发现这是这个互联的世界疯狂关联的结果：当大多数事物都以某种方式与其他事物纠缠在一起时，我们几乎无法停止解开其中的绳结，更难知道从哪里下手。

那么，为什么说尺度或规模是所有这些不同困境的组成部分呢？简而言之，是因为这个世界已经变得难以驾驭……或者以新的方式变得不守规矩。在某种程度上，这是两个重要转变的结果，我称之为非物质化和纠缠。首先，非物质化是数字化过程的结果。用尼古拉斯·尼葛洛庞帝[①]的话说，通过这一过程，我们把原子变成了二进制数字，或者说把指南针变成了应用程序。它把坚硬的、有形的、可理解的东西变成了无形的、非物质的 1 和 0 以及"打开"和"关闭"选项。各类文档、文件和照片现在变成了被磁介质捕获的不可见的电脉冲，通过屏幕上无限小的像素实现可视化，而不再是我们塞在书桌抽屉或鞋盒里的发黄、折角的老古董。

这种非物质化不仅仅影响实物。同样地，各类服务也越来越趋向非物质化。例如，鉴于这种非物质化转变，银行正在重新思

[①] 尼古拉斯·尼葛洛庞帝，麻省理工学院教授、《连线》杂志的专栏作家。他长期以来一直倡导利用数字化技术促进社会生活的转型，被西方媒体推崇为电脑和传播科技领域最具影响力的大师之一。

考其全部服务产品。就在 40 年前，为了体现它们的坚固、宏伟和永恒，各类银行还在大肆建造巨大的花岗岩建筑。现如今，大多数此类建筑都变成了餐厅。与此同时，银行本身（现在是跨国企业集团）正在努力寻找与"Z 世代"①沟通的途径。"Z 世代"是一个新兴的群体，他们希望能够于指尖之上操作银行业务，只要手指一点，将电子从一个账户转移到另一个账户就行了。这是我们感官世界的一个范式转变，而我们才刚刚开始了解其影响和作用。

第二个让我们感到纠结的因素是相互联通的基础网络的兴起。这些网络已经成为我们日常生活的基础设施。因为我们的系统是如此紧密地相互联系，个体变得非常矛盾——既被赋予了独特的力量，又被无可救药地压制。假设一对年轻夫妇想在马萨诸塞州的一个中等城市申请抵押贷款。30 年前，这对夫妇会去当地一家银行会见信贷主管——两人之前可能已经认识这位主管的家人，并讨论银行可以为位于稳定社区内的房产提供的利率范围。大部分（如果不是全部的话）交易将由当地环境的动态机制来决定，无论是好是坏（当然，对少数族裔来说，可能会遭遇拒绝放贷或者其他形式的面对面的、合法化的歧视）。然而，如果这一场景转换到 2008 年，情况就会变得截然不同。首先，这对夫妇可能只需在网上申请抵押贷款，不需要面见经纪人（这位经纪人可能位于几个大洲之外的一个呼叫中心）。他们的抵押贷款批复可能

---

① Z 世代是指 1995—2009 年出生的一代人，他们一出生就与网络信息时代无缝对接，所以又被称为"互联网世代"。——编者注

会与数百种其他抵押贷款捆绑在一起，形成一种被称为"抵押担保债券"的复杂的金融工具。然后，这种抵押担保债券将被出售给全球市场上那些希望获得更多收益的投资者。这笔抵押贷款的稳定性最终可能会受到希腊、中国乃至全球几乎所有其他地方经济决策的影响。一旦这一体系瓦解，正如在2008年那样，人们的资产价值就会低于他们未偿债务的价值，在这种情况下，即便你的女儿与银行行长的女儿在同一个足球队里踢球也于事无补，因为你和银行行长都很难左右大局。2008年后，许多按揭贷款的房主都"溺水"（房屋贷款业内常用的一个词，指房屋抵押贷款的价值高于房子的价值），湮没在复杂的网络世界中，莫名其妙地被数千英里[①]外某个国家的行为者的决定左右。

或者再想一下计算机黑客，他凭一人之力便可使一家大型国际银行瘫痪。仅仅在一代人之前，人们还完全难以想象仅凭一己之力便可以侵入银行或金融服务公司这样的大型企业，或者至少这种情况只有在好莱坞电影中才能出现。而现在，这已经是司空见惯的事了。个人和小型网络犯罪团伙正在轻而易举地侵入全球跨国公司（如索尼）和"难以渗透的"国家组织（如五角大楼），在它们的服务器上乱搞一通，破坏它们的信息架构，或者窃取它们的"安全"数据并在暗网（相当于数字世界的黑市）上出售。建立在19世纪和20世纪陈旧的物理基础设施上的网络化数字通信基础设施，催生了一种可怕的杂合体，使我们陷入深渊。面对

---

① 1英里≈1.61千米。——编者注

这种杂合状况，我们时而感到无所不能，时而感到不知所措。一个广阔而耀眼的世界就在我们的指尖上。在这个精准时刻，我们的鼻子紧贴着电脑屏幕的玻璃，我们的指尖只能通过敲打键盘和虚拟的手势（捏合和缩放、双击、四指滑动）来感知它的存在。

如果说第一个令人眼花缭乱的转变是我们的各类产品、流程和服务的数字化、非物质化，那么第二个转变则反映在我们已经建立的庞大的互联基础架构上。以前我们建造农场、公路和运输管道。今天，我们正在建设服务器农场、信息高速公路和数据运输管道。这就好像我们要去播种、培育和收获信息传递（也许我们早就这么做了），而不是生命系统。我们被困在不稳定的边缘地带，游荡在实体和数字之间。这种夹在两个世界（每个世界都有自身的规则和逻辑）之间的情感状态，被艺术家阿拉姆·巴托尔在其作品《地图》中巧妙地捕捉到了（见图3）。

图3　阿拉姆·巴托尔，《地图》，2006—2019年。由钢材、铝网和钢缆组合而成的雕塑，900厘米×520厘米×20厘米。2010年，台北

在这个设计中,巴托尔逆转了我们遇到的大多数变化的方向:把数字物质化。他在现实的都市、城镇和公共空间安装20英尺①高的谷歌地图指针图标——数字地图中的那个像素20、红色泪珠形的定位标志。巴托尔的装置提醒我们,我们穿越的空间既是物理的,也是数字的,将两者完全分开非常困难。

各类虚拟现实、增强现实和混合现实的技术只会强化这种空间交错。我们现在似乎存在于物理世界和数字世界之间,或者说真实世界和数字世界之间的透明薄膜上。可以说,通过将对数字的真实阐释叠加在我们的真实世界之上,巴托尔颠覆了我们的预期,扭曲了我们的概念边界,揭示了我们正在建立的这个杂合世界带来的陌生感。

具有讽刺意味的是,使得我们与尺度或规模之间的这种不自在关系令人不安且会产生共鸣的原因在于,无论我们是否意识到,我们确实一直在依赖尺度或规模思考问题:衡量做一杯鸡尾酒所要用到的各种成分,判断能否举起一个小孩,在高速公路上开车时观察限速指示牌,挑选一双合脚的鞋子,诸如此类的行为都属于标量判断。然而,尺度或规模也可以是一种通过小与大的关系或表征(或模型)与被表征的关系进行思考的手段。比如在建筑行业中,建筑师会使用比例模型组装、检查、分析以及检验空间和材料。按照实际大小建造所需的成本高得令人望而却步,所以建筑师要建造一个体积小一些、比例精准的版本来代替全尺寸模

---

① 1英尺 ≈ 0.304 8米。——编者注

型。商业模型也是利用较少数据搭建的一种架构，用来描述业务概况或业务前景。从这个意义上说，比例模型是一种模拟形态：尽管用到的感观数据有所减少，但它们映照出了真实的事物。

如此看来，运用尺度或规模思考实际上就是一种从小到大、从简到繁、从偏到全的推理过程。我们将完全实现的事物本身具有的属性投射到模型中，反之亦然。人类学家和社会学家从少数个人的行为中推导出文化层面的行为模式和意义时，即从对局部的分析中得出整个文化属性，这个过程中他们不也是在用尺度或规模思考吗？从这个意义上来说，尺度或规模贯穿在我们的整个思维过程中，尽管我们可能没有意识到这一点。

为了弄清影响我们日常生活的各种令人困惑的力量，我们需要深入探究尺度或规模的概念。为了让读者更好地理解它，并学会如何更有效地驾驭它，本书分为两个部分。前半部分（前四章）更多的是逸事和分析，涵盖了各种各样的尺度或规模现象，这样我们既可以更好地理解尺度或规模是如何发挥作用的，也可以更好地理解它是如何变化的。首先，我们从测量和定量思维的危害开始谈起。在这部分，我们思考了人类及其在科技创造的新环境中奋力成长的过程。我们探讨了人类认识尺度或规模的方式，以及尺度或规模给我们带来的感觉。其次，我们从数字转到了系统。正如系统论大师德内拉·梅多斯所说的那样，如果不使用系统思维，并认识到尺度或规模的变化会引发意想不到的系统性行为，我们就不可能理解现如今自己与各类事物的尺度或规模之间的这种堂吉诃德式的关系。最后，我们揭示了通信网络是如何创造条件，从而颠覆我们对因果关系的理解的。微不足道的行动和行为主体似乎能产生巨大的影响，我们改善周围系统的集体意愿经常会无疾而终。

本书的前半部分帮助我们理解尺度或规模内部的那些令人惊讶的行为，后半部分则概述了更有效地应对这一不可能的现实的策略方法。换句话说，我们必须先了解我们所处的境遇，然后方可思虑纠正之法。在我们更好地理解了尺度或规模的复杂性之后，有什么针对性的方法或者"针灸穴位"会起作用吗？在本书的后半部分，我介绍了四种策略：给无形赋予形式、标量框架、搭建脚手架和拥抱复杂性。总的来说，承认我们之间的不稳定关系，同时从尺度或规模的角度思考问题而不是与之相抗衡，这些都是我们向前迈出积极步伐的方式。这些认识将会在商业、管理、政策、设计、社会创新和任何其他领域发挥作用，这些领域都面临着复杂的系统性变化，并感受到以新的方式开展工作所带来的压力。虽然这个困扰我们时代的"棘手问题"不可能轻而易举就得出答案，但当其他方法似乎不起作用时，还有一些框架（面对不确定性的行动模式）可供我们选择。

尺度或规模可以在意想不到的地方瞬间显示出它的影响。本书的主要目标是简洁明了地揭示尺度或规模及其影响。为了更清楚地看到这一点，我把不同的东西放在同一个框架中，进而揭示出其中不太可能的相似之处、意想不到的共鸣和出乎意料的机会。法国哲学家米歇尔·福柯在他的人文科学考古学名著《词与物》一书的前言部分讨论的正是这种情况。为了说明这一点，福柯引用了阿根廷作家豪尔赫·路易斯·博尔赫斯的一个小说片段。在这部小说中，博尔赫斯将理性和科学扭曲到了极限：从他创造的各类罅隙和裂缝中渗透出各种离奇的想法与令人迷乱的困境。博尔赫斯的小说包罗万象而又神秘俏皮，徘徊在知识和毁灭之间那不可思议的空谷之中。在福柯的作品中，他试图说明西方思想的范畴本身是人为的——它们是权力变为知识的方式的外在表现。该书一开篇，福柯就极力想找到一种方式来告诉读者这些思想范畴的奇怪而又带有欺骗性的持久存在。他引用了博尔赫斯的一段现在已经成为传奇的话来论证这些看似永久的范畴的虚幻性。

此书的写作灵感来源于豪尔赫·路易斯·博尔赫斯的一段话，源于我阅读过程中发出的笑声。这种笑声动摇了我的思想（我们的思想）所有熟悉的东西，这种思想具有我们的时代特征和地理特征。这种笑声动摇了我们习惯于用来控制种种事物的所有秩序井然的表面和所有的平面，并且将长时间地动摇并让我们担忧我们关于同与异的上千年的做法。这个段落引用了"某部百科全书"的内容，这部百科全书中写道："动物可划分为：（1）属皇帝所有的；（2）尸体经防腐处理的；（3）驯顺的；（4）乳猪；（5）塞壬（人首鱼身的海妖）；（6）传说中的；（7）流浪狗；（8）包括在目前分类中的；（9）发疯似的烦躁不安的；（10）数不清的；（11）用精致的驼毛笔画出来的；（12）刚刚打破水罐的；（13）远看像苍蝇的；（14）其他。"在这个令人惊奇的分类中，我们突然间理解的东西，通过寓言被证明是另一种思想体系所具有的异乎寻常的魅力的东西，就是我们自己的思想的限度，我们完全不可能那样思考。[4]

  本书把下列事物放入了同一个框架：水准器和花园地精，量子力学和环形交叉路口，Linux 操作系统和宜家家居的产品目录，野猪和北约的阿富汗计划，大数据和小蚂蚁。尺度或规模从不墨守成规，我们的生活也总是不按常规出牌——尺度或规模促成了这一点。我希望读者看完本书之后，即便没有别的收获，也会认识到自己思想的局限，或者至少变得有可能"那样思考"。

第一章
科学的精确性

音箱上的刻度

奈杰尔·塔夫内尔是英国一支重金属乐队里的吉他手。纪录片制作人马蒂·德贝尔基与他的摄制组一起跟踪拍摄塔夫内尔和他的乐队成员，试图记录下这个名为"刺脊乐队"的落魄、倒霉的摇滚乐队的经历。在一段场景画面中，塔夫内尔自豪地向德贝尔基展示了他的几把获奖吉他，然后又拉着他去看一个非常特别的马歇尔牌音箱。

塔夫内尔：你知道，这是我们在舞台上使用的一种高端配置，它非常……非常特别，如果你能看到——

德贝尔基：是的。

塔夫内尔：——数字会转向11……你看……转过盘面。

德贝尔基：啊……哦，我看到了——

塔夫内尔：11……11……11……

德贝尔基：——而大多数此类音箱只能达到10……

塔夫内尔：没错。

德贝尔基：这是不是意味着……这样的声音更大？声音比别的大吗？

塔夫内尔：嗯，声音大了一点儿，不是吗？不是10。你看，大多数……你知道，大多数玩吉他的家伙弹出的音量只能达到10。你看，这里就是10……一直向上……一直向上——

德贝尔基：是的。

塔夫内尔：——一直向上。你的吉他音量就达到10了……下一步能达到什么程度？达到哪种音量？

德贝尔基：我不知道。

塔夫内尔：不能再高了。真的。如果我们想要音量达到额外的高度……就把这个旋钮转过去……你明白我们在做什么吗？

德贝尔基：把音量加到11。

塔夫内尔：加到11。完全正确。让音量变高1档。

德贝尔基：你为什么不把10档的声音变大一点儿，让10成为最高音量……把10档的标准调高一点儿不就行了吗？

……

塔夫内尔：因为音量的最高标准是11。[1]

这场荒唐而又可笑的对话现如今已经成为一段传奇，它来源于伪纪录片《摇滚万万岁》(见图4)。该纪录片用一种欢快的方式讽刺了重金属摇滚场景的空虚和浮夸,同时也是对自称严肃纪录片的一种戏仿。值得一提的是,在这场对话中,我们参与了一场讨论,它涉及尺度的本质,以及尺度如何塑造我们对周围声音、物体和环境的感知。

图4 纪录片《摇滚万万岁》中的画面
图片来源:STUDIOCANAL.

在这场讨论中,塔夫内尔的观点即哲学家们所谓的形而上学的自然主义。事实上,他认为音箱旋钮上的数字刻度指向的是一个真实的、固定的框架:旋转到10,听起来永远是10档这么响……而旋转到11的时候,声音总是会比指向10的时候高出一档。相比之下,德贝尔基质疑的是这些数字本身。他怀疑音箱上的刻度除了它本身外是否真的还有其他特定的含义,他甚至怀疑这些数字是否真的是人类的发明。最终,德贝尔基似乎在这场分歧中占据了上风。这类刻度确实是人类创造的,只不过它是建立在测量的基础上的。

那么，音箱旋钮上的 10 和 11 到底指的是什么？分贝？当然不是。在生活中的每一天，我们选择穿派克大衣或毛衣，去购买一包咖啡豆，试图遵守交通时速限制，将音量调高一档，等等，都在不间断地悠游于不同的尺度之间。隐藏在这些事物外表之下的尺度一点儿也不神秘，甚至并不能引起人们的注意。它只是一个非物质的、定量的、建立在测量基础上的构造。它们可以赋予我们无形的体验以有形：我们可能无法感受到时速 48 英里和 65 英里之间的差异，但出于对人们更大安全利益的考虑，公民社会可以通过车速计和张贴的限速牌来控制司机的鲁莽行为——前提是大家的车速计显示的时速 55 英里代表相同的距离。

上述一切似乎表明，作为一个概念，尺度毫无特别之处，甚至不值一提。我们与之友好共处，它也几乎不会给我们带来明显的麻烦。我们假设各类测量都是准确无误且神圣不可侵犯的。各种科研结果本身也是完全可靠的。对精准测量的研究有着复杂而曲折的历史。揭开表面所展现出的各种稀奇古怪的事物，我们会发现：标量思维建立在一个极不稳定的地基之上。

从某种程度上来说，测量是量化尺度的保证。没有定量测量，只进行定性的、主观的比较，我们会发现自己所处的这个世界更加模糊：这种啤酒比那种啤酒苦吗？那种辣椒比这种辣吗？值得注意的是，如果没有相应的量化尺度，人们就经常会根据实际需要去创造。啤酒酿造商制定了一种被称为 IBU（国际苦度单位）的标准，以便能够较为准确地比较啤酒的苦味。嗜好辣椒的人则提出了 SHU（史高维尔辣度指标）这一标准，用来量化墨西哥火爆辣椒的尖辣和卡罗来纳死神辣椒的灼辣之间的差异。在这两种情况下，指标测量的可靠性基于可重复操作的科学手段：IBU代表啤酒花中发现的一种酸（异葎草酮）的百万分率。[2]目前，科学家利用一种被称为HPLC（高效液相色谱）的方法来检测辣椒中的化学物质辣椒素（各类辣椒辣味的来源）的存在，从而确定辣椒素的值。HPLC取代了早先的SHU检测，即所谓的史高维尔感官检测。这种感官测试是用糖水来稀释等量的辣椒素，直到测试人员尝不出任何辣味。[3]然而，事实上我们对苦味的感知高度依赖于啤酒中的其他成分：啤酒中的麦芽度越高，我们尝到的"苦味"就越淡，这与IBU没有关系。两个外观完全相同的哈瓦那辣椒的辣度可能存在明显的差异，这取决于它们的生长地点、时间以及培育方式。为了真正了解这个已知的世界，我们尽最大可能去测量它，然而测量行为似乎总不尽如人意。

千克原器

2011 年 2 月,《纽约时报》的记者萨拉·莱尔报道称,"千克"的世界标准重量实际上已经变轻了。"这一变化是在对千克原器与其官方副本进行比较时发现的,两者之间的差别只有大约 50 微克,相当于一颗小沙粒的质量。但它表明,作为这个不确定世界中的一座稳定灯塔的千克原器,现在已经失去了其最初建造的意义。"[4] 为了能够彻底探寻这一发现的根本意义,有必要重申的是,这块世上独一无二的铂铱合金铸件就是标准的"一千克"。也就是说,在称量重量的时候,除了它,世上再没有其他可以确保我们的称量准确无误的标准了。这是我们现代生活中最奇怪的同义反复之一:一千克的质量与锁在法国塞夫尔某个地下室中的三个钟形玻璃罩下的那个一千克(原器)的质量相等……只有持有这个密室钥匙的三个人同时到场,打开密室大门,才能接触到那个千克原器。与国际计量学界用其他不太稳定的标准来替代的"米"和"公升"不同的是,这块千克原器是我们确定"一千克"到底有多重的终极手段。经过数十年的斗争和分歧，国际计量局最终于1889年就"千克"标准达成一致意见。从那之后，这个高度与宽度大致相等的抛光金属圆柱体就一直充当标准重量的角色。随之而来的问题是："他们怎么知道它有一千克重？"它又是对照什么来衡量的？在《哲学研究》一书中，哲学家路德维希·维特根斯坦曾用开玩笑的语气描述过关于标准"米"的同样的困境，他如此说道："有一件事物，人们既不能说它是一米长，也不能说它不是一米长，这就是巴黎的标准米。"正如莱尔的报告所指出的那样，科学家通过对照千克原器的副本来验证千克原器的质量，这使得这种同义反复的情况变得更为复杂。仔细思考一下这一发现的意义：如果质量的通用标准（千克原器）不再是它本身，那么这对它所有的官方副本意味着什么？它们还算是副本吗？它们的真实重量是多少？是一千克？还是比一千克多50微克？

数十年来，这个特殊的问题一直困扰着科学家。对度量衡（我们理解世界上各种数量的尺度）的精确性和普适性的研究是一门相当年轻的学科，而我们的科学发现和国际贸易所依据的普遍标准则出现得更晚一些。人们可能会认为，几个世纪以来，这些尺度应该是一成不变的，然而事实并非如此。1866年，美国颁布了第一部建立"官方"计量系统的全国性法律，规定"从本法案通过之日起，在整个美国使用国际公制度量衡是合法的"[5]。这不是印刷错误：美国国会通过的第一部规范度量衡的法律就是采用国际公制作为标准，虽然当时全美范围内都使用英制度量制度。当时，国际公制是一个更为完整的标准化系统。因此，虽然美国并未使用这一测量系统，但美国政府仍用它作为度量衡的基准。

各类标准的发展演变不仅仅是科学和贸易的问题。正如约翰·昆西·亚当斯在1821年提交给国会的一份报告中指出的那样，对规则的、可重复的和统一的尺度的追求还涉及道德因素。

> 度量衡应该可以被列入人类社会中的个人生活必需物之列。它们渗透到每个家庭的经济安排和日常事务之中。对下面所列举的一切，度量衡都是必不可少的：工业社会中的每种职业、各类财产的分配和安全、每一笔商贸交易、平民百姓的劳动、工匠们的新颖设计、哲学家的研究、古文物研究者的考察、水手航行、士兵行军、所有的和平交流和所有的战斗行动。度量衡是教育的首要内容之一，那些向来什么都不学且连读写都不会的人也会学习相关知识。通过习惯性的应用，这些知识被牢固地印在劳动者的记忆之中，终其一生不会忘记。[6]

尽管他的论证激情四射，但直到20世纪，科学家们仍然对什么是基本的、可验证的度量单位存在分歧。大多数推行普遍标准的重要国际协议的达成都远远迟于亚当斯时代，而寻找较为稳定的常量的工作今天仍在继续。

国际计量大会于1960年创立了国际单位制，与我们息息相关的各类标准单位都是这个国际机构创立的。国际计量大会随后成立了国际计量局，其职能就是定义和验证单位制。它的各种发现是衡量我们自身和周围世界的基础。截至目前，国际计量局已经创立了7个基本的标准单位：米（长度单位）、千克（质量单位）、秒（时间单位）、安培（电流单位）、开尔文（热力学温度单位）、摩尔（物质的量单位）和坎德拉（发光强度单位）。国际单位制中"坎德拉"的定义是，一光源在给定方向上的发光强度，该光源发射频率为 540×10^{12} 赫兹的单色辐射，且在该方向上的辐射强度为每球面度 1/683 瓦特。"安培"的定义是，在真空中，截面积可忽略的两根相距一米的平行而无限长的圆直导线内，通以等量恒定电流，导线间相互作用力在每米长度上为 2×10^{-7} 牛顿时，则每根导线中的电流为一安培。此外，尽管几十年来科学家一直在寻找一个物理标准，但"千克"的定义是这样的："千克是一个质量单位，它等于国际千克原器的质量。"[7] 很显然，这些单位中有一个的制定标准跟其他的不一样——千克是国际单位制中唯一剩余的基于一个物理的、现有的参考原器的计量单位。它本身是独一无二的。事实就是如此。对所有其他标准来说，科学家已经确定了"物理"测量标准，这些标准不是基于同义反复，而是基于世界上任何地方的科学家都可以准确无误地复制的过程（不需要求助于人工制品）。[8]

在那本引人入胜的、以探索测量史而著称的《度量世界》中，罗伯特·克里斯详细描述了科学界为精准定义构成我们测量系统的标准而做出的各种努力。这些努力有两种形式：一是从技术层面寻求定义各种单位的通用和绝对的方法,二是国际社会为普及全球所有国家都能统一使用的系统而进行的政治努力。几千年来,我们一直有称量猪的体重、测量啤酒麦芽度和旅行里程的专门体系,但在不同的国家、不同的城镇甚至不同的封建领主之间,这些体系标准都不一样。在英制度量衡体系下长大的人们总会对一些度量单位的来源,至少是与之相关的奇闻逸事耳熟能详。我们从小就听说"尺子"与"统治者"的四肢长短紧密相关。由此,"统治者"与"尺子"在英语世界中形同意不同。①一词多义,鲜活有趣。再如,"英尺"的长短取决于当权者"脚"的大小。②从"一口"到"一把",再到"一掌",英制与古罗马的度量衡单位总会以这样或那样的方式追根溯源至"人"的身体。中国古老的量度系统也是如此。譬如,至少可以追溯至公元前400年的长度单位"尺"与"寸",便与一个人脚的长度与手指的长度紧密相关。[9]纵观历史,很多人都意图建立一套神圣不可侵犯且长期有效的计量体系。然而,最终是坚持不懈的法国人于18世纪创建了一个被称为"公制"(也被称为"米制")的国际化的十进制量度系统。截至2018年,源自法国"公制"的国际单位制已拥有59个采用国和42个准采用国,成为今天国际上最主要的量度系统。[10]

最初,法国"公制"的创立以看似恒定不变的物理量为标准取代了早期基于人体的测量基数。在这个过程中,"米"成为基

---

① 英语中"统治者"与"尺子"的拼写一致,为 ruler。——译者注
② 英语中"英尺"与"脚"的拼写一致,为 foot。——译者注

本长度单位,继而有了计算重量的"千克"(一立方分米水的重量为一千克)和计算体积的"升"(一立方分米为一升)。法国科学家早期尝试将地球子午线上的某一段距离定义为一米,并定制了一批具有普遍适用性的固定标准,譬如一米长的铂金棒、一千克重的铂金筒。这种以自然物理量直接定义度量衡"基本单位"的方式成为创建国际量度系统的第一步,以"米"为例,其长度被定为子午线上从赤道到北极点的距离(5 130 740法寻)的千万分之一。[11] 这是人类测量史上一次质的飞跃。尽管法国科学家当时所做的努力并未获得国际认可(这在相当长的一段时间后方才实现),但是他们将测量的基本单位与人体剥离,进而以自然物理量为参数创建了一个精确的参考框架。这就意味着,从理论上讲,量度的基本单位可以随时随地被任何人复制和验证。

然而,具有讽刺意味的是,并不是自然测量的过程本身成了标准,而是基于测量结果定制的铂金器具成了被精心保护的"标准"。① 显而易见,人们不得不面对的困境是,无论历经原始抛光的人工铂金器具看上去多么"永恒",它们都必将面临不可避免的自然损坏与无法计算的物质沉积。不论是在铸造过程中掺入杂质,还是在合金生产环节产生气泡,又或是历经日复一日的灰尘积累,人工制品在现代社会杂乱无序的起伏变化中不堪一击。于是,在国际计量大会对"千克"的定义中竟包含这样一条日常

---

① 在子午线测量过程中,法国科学委员会根据临时测量结果定制了一批铂金棒,并选取最接近测量计算结果的一支作为标准,称之为"米原器"。相应地,定制且被选取的铂金筒被称为"千克原器"。——译者注

护理指示:"由于物体表面不可避免的杂质沉积,国际原器每年可逆的表面污染物约为 1 微克。国际计量委员会因此指出,在获得进一步研究成果之前,国际原器在以一种特殊方式清洁过后依然有效。"[12] 就这样,我们那"独一无二"的千克原器不得不定期"洗澡",以清除表面可造成整体损坏的微量污染物。

计量学家因此致力于寻求并最终确认了用于定义其他 6 个基本单位的"物理量"。这一寻求亦自"米"始。1960 年,国际计量局不再使用人工铂金合成的千克原器,而是将"氪-86 原子的 $2p_{10}$ 与 $5d_5$ 能级间跃迁辐射在真空中的波长的 1 650 763.73 倍"定义为一米的标准。1983 年,国际计量局重新将"光在真空中行进 1/299 792 458 秒的距离"定义为一标准米。[13] 历史上,一"码"曾一度约等于一个人的鼻头到伸出的指尖的距离。在以自然物理量重新定义"码"之后,它所表示的具体数值便只有各种仪器知道了。人类的大脑不可能感知接近 1/300 000 000 秒的时间间隔,更不可能生活在真空之中。因此,在以物理常数为参考值的量度系统下,我们只能借由"工具"这种媒介验证我们想要知道的真实情况。在这个意义上,测量领域的科学进步是一个使人类的测量方式和参照系与人体本身不断远离、与人类对量度系统的认知不断分离的过程。我们不再是达·芬奇笔下居于知识体系中心位置的"维特鲁威人"[①]。

---

① "维特鲁威人"是意大利博学家达·芬奇于 1487 年前后根据古罗马建筑学家维特鲁威在其作品《建筑十书》中的描述而绘制的具有完美比例的人体。——译者注

约翰·昆西·亚当斯充满激情地宣称——统一且可以被不断验证的衡量体系是一个运转正常、充满公平正义的公民社会的核心。面对千克原器重量损耗的事实,美国《纽约时报》记者萨拉·莱尔哀叹道:"作为这个不确定世界中的一座稳定灯塔的千克原器,现在已经失去了其最初建造的意义。"亚当斯铿锵有力的声音似乎在莱尔的哀叹声中阵阵回响。在一个不确定的世界,我们急于想要抓住一切让自己感到持久、稳定和确信的东西。寻求精确且通用的测量体系看上去似乎只是科学家和政府官员会感兴趣的东西。然而,事实上,亚当斯的这句话让我们看到了更深层次的东西,因为在某种程度上,公平、正义与平等莫不是衡量事物的标准。的确,源自古罗马的"正义女神"双眼蒙布,手持天平。在针对测量的精确度和准确性的争论之上,还覆有一层有关道德的价值判断。毫无疑问,测量方式与人体、人类经验的剥离的确大大提高了测量结果的精准性。问题是,当我们与塑造我们世界的框架丧失连接,等待我们的又会是什么呢?

地精实验

德国科恩微精技术有限公司（以下简称科恩公司）是一家创建于1844年，至今已延续7代的家族企业。凭借其精准的德国工艺与可靠的产品质量，这家从事精密测量仪器制造与销售的公司在业界广受赞誉。因此，当这家公司打破常规，着手进行一场意在测量地球表面重力变化的实验时，大家都颇感意外。科恩公司将其编号为EWB 2.4的天平小心翼翼地放入了一款具有保护功能的手提箱中，并将一个名为"科恩"的花园小地精玩偶放置其旁（见图5）。

大多数人都会认为，无论测量地点是在秘鲁的利马、埃塞俄比亚的亚的斯亚贝巴还是新加坡，所得到的测量结果一定会是相同的。然而，事实并非如此。如果我们想在地球表面上的任何地方得到恒定的地球引力值，那么地球本身必须是一个密度均匀的完美球体。然而，事实上地球是一个中间赤道凸起、两极扁平的扁圆球体。在这个不同寻常的"地精实验"的宣传片中，科恩公

图5 科恩公司"地精实验"里的地精手提箱

司总经理阿尔贝特·绍特说道:"地球更像一枚土豆。"[14] 为了更精准地理解地球引力的变化及其对人体重量的影响,在奥美广告公司为其量身定制的一次推广活动中,科恩公司邀请了位于世界各地的科学家对花园小地精玩偶"科恩"进行称重,并将其重量呈现在一张世界地图上。这个与公司一样来自德国西南部的小地精是由特殊防碎树脂制成的。科恩公司表示,它们的花园小地精的体重未增未减,因此是极好的称量常数,具有比铂金合成的称重原器更强的可靠性。

各地测量的小地精"科恩"的体重数值果然有明显差异。正如预想的那样,在南极,"科恩"的体重测得最大值309.82克;在位于赤道的肯尼亚纳纽基,它的体重则降至307.52克,比在南极所测体重轻了约0.75%。体重下降的原因在于,在海拔

6 388英尺的纳纽基，小地精"科恩"距地心最远。这项巧妙的实验打破了我们一直以来的各种想当然的观点——我们总以为决定事物物理特性的自然之力在全球范围内是一致且统一的，因而我们对于尺度或规模的测量结果也必然是毫无差别的……在英国伦敦的一千克必然等于在肯尼亚纳纽基的一千克。然而，科恩公司所做的地精实验却清晰有力地让我们看到，地心引力在不同的地理位置有着明显的变化，其背后的原因在于：第一，在不同的地理位置，物体与地心的距离不同；第二，地球不是一个密度均匀的完美球体；第三，太阳引力和月球引力在一定程度上也发挥着自己的影响力。那么，对"千克"这样一个重量概念而言，在法国塞夫尔称得重量为一千克的物体在英国称得的重量不会是一千克，尽管两地距离并不远。同理，小地精"科恩"在它的家乡德国巴林根的重量为308.26克，在瑞士日内瓦大型强子对撞机所在的总部欧洲核子研究组织则重307.65克。

科学，你越近距离观察它，它似乎越是无法精准。对于这一点，相比科学工作者，普罗大众更感惊讶。通常情况下，人们误以为科学实践一定是准确、绝对、坚定不移的。事实上，它们充满着令人惊讶的模糊性与不确定性。如上所述，即使是最基本的测量工作也充斥着特殊之处。基于人类自身经验而得出的"理所当然"，其实大部分都是错误的。大多数情况下，我们与科学家之间的区别就在于：他们能够量化自己所面对的不确定性。即便如此，这也并不意味着他们不需要学习如何立足于怀疑与未知并从中获得成长。

海岸线悖论

测量究竟有多不可靠？为什么越是细究，它的可靠性就越低？当然，至少计量学家们一度相信，如果测量仪器足够精密，那么就有可能得到精确的测量数据。然而，现实从来都不会如此简单。数学史上的杰出人物刘易斯·弗赖伊·理查森就提出了一个至今仍令人困扰的测量悖论。第一次世界大战期间，作为一名贵格会[①]成员，笃信和平主义的理查森拒服兵役，但他最终还是参加了附属于法军第 16 步兵师的友军救护车队。[15] 理查森具有极强的道德感，他拒绝在战争冲突期间从事与数学相关的工作，以免自己无意间支持了英联邦军队的行动。

理查森的过人之处在于，只需一眼，他就可以运用数学概念和微分方程对我们的周遭现象进行数学描述。换句话说，他可以量化事物的属性。作为一名和平主义者，理查森还运用他过硬的

---

① 贵格会，又称公谊会，是 17 世纪成立于英国的基督教新教的一个派别，反对任何形式的战争与暴力，主张和平主义和宗教自由。——译者注

数学技能分析、理解战争与暴力。他在自己发表的相关文章中指出，如果对导致战争的各项主要因素，诸如误解、好战的态度、军队规模，甚至是接壤边境的长短等进行量化研究，并以此建立数学模型，那么我们就可以预测两国间发生战争的可能性。就在研究两国接壤边境的长短时，理查森蓦然发现了一个令人困惑的异常现象：很多时候，接壤的两个国家对其共同边界的测量大相径庭。

事实证明，在测量诸如国境线、海岸线这一类不规则边界时，所使用的工具和方式不同会导致千差万别的测量结果。理查森的这一发现就是我们今天所知的"海岸线悖论"，即用于测量海岸线的线段越长，所得到的海岸线长度就越短，反之，用于测量海岸线的线段越短，所得到的海岸线长度越长。假设今天有人正在测量美国缅因州那崎岖不平的海岸线，如果他用以英里为单位的线段进行测量，那么所得数值应该为 3 478 英里（数据来自 WorldAtlas.com）。然而，如果他用以英尺为单位的线段，并对每一块礁石进行细致追踪与测量，那么缅因州的海岸线长度将大幅增加。因为较长的测量单位不可能像较小的测量单位那样触及每一个曲折前进的细微之处。不难想象，如果人们使用的测量单位比一粒沙还要细小，小到可以测量出一粒沙上的"崎岖沟壑"，那么缅因州的海岸线只会更加漫长。以此类推，如果人们能够使用可以测量原子间距离的量子单位，那么……这就如同数字分形一般，每一次连续缩小或连续放大测量单位会得到与之对应的测量结果。就海岸线而言，其长度始终与测量线段的长短成反比。

在更深的哲学层面，这也就意味着海岸线真正的长度在某种意义上是不可知的。这并不意味着我们不能测量长度，但它确实意味着我们进行测量的方式与我们所能得到的测量结果息息相关。[16]

无独有偶，我们对"时间"的量度也同样充满变化。事实上，我们对于时间及其细微之处的理解深受国际计量局的影响。国际计量局将"秒"确定为测量时间延续的最基本单位。一秒等于"铯133原子基态的两个超精细能级之间跃迁时所辐射的电磁波的9 192 631 770个周期的持续时间"。显然，这一定义与人类自身的感知毫无关联，更重要的是，它也与千百年来西方人建构时间观念最重要的依据（地球自转）毫无关系。由于地球自转速度在减慢，其科学可靠性降低，国际计量局在1970年将人类的时间观念与地球自转彻底剥离。需要留意的是，国际单位制时间单位的确定和定义并没有具体说明究竟什么是时间。正因如此，国际计量局又创制了"国际原子时"，这是国际计量局对目前地球上的时间进行的最佳计算。[17]

为了创建国际原子时，国际计量局对全球80多个实验室中的400多个原子钟所获取的读数确定了一个加权平均值。这样做的部分原因，是实验室的海拔高度对其获取的读数有影响（正如我们在科恩公司的地精实验中所看到的那样）。但是，国际原子时与地球自转也不太一致。于是，我们还有一个"世界协调时"。它以国际原子时为基础，在时刻上尽量接近于格林尼治标准时间。"鉴于地球不规则的旋转速度，'国际电信联盟'在1972年确定了一个在必要时增加或减少一秒的程序，以此确保国际时间单位与地球自转的时间之差保持在 0.9 秒以内。这个新产生的时间刻度就是世界协调时。"这 0.9 秒就是国际计量局在 2016 年最后一天添加的盛名在外的"闰秒"。然而,闰秒的存在使得世界协调时与国际原子时之间存在着长期的不一致,"未来,在另行通知之前,两者的差异将增至 37 秒"。[18]值得注意的是,我们还有基于天文现象而设置的"世界时"、基于地理位置和太阳运动规律并且在日常生活中最为常用的"标准时间"、天文学家用来测量其他物体在太空中运动的"地球时"、计算机科学与计算机编程中所使用的"系统时间"(即通常设置为从操作系统上线的第一刻开始计算的顺序相接的嘀嗒数)。[19]

所有这些并非说明时间及其在现代生活中所扮演的角色只是幻象。不过,与空间测量系统所表明的一样,科学并不如我们想象的那样充满确信。作为我们力图将周围世界量化的一种冲动与努力,测量可能永远都不会是一门完美的科学。事实上,测量在很多方面都基于我们心中的一个假设,即我们可以将某个物体或事物与其周围的环境区分,我们可以清楚地界定它的边界,将其单独剥离,再诉诸我们量化的测量设施。看似在这个过程中,我们自始至终都不会遭遇任何危险,然而系统思维告诉我们,如果不了解事物之间的彼此纠缠与融合,我们就不可能对其本身有所了解。所以,当我们将某一物体或事物剥离出来单独进行测量时,我们已然将它们本身与它们所连接的周遭事物进行了分离。或许这就是我们的测量体系必然具有模糊性的原因。这种模糊性、不确定性时刻提醒着我们,我们根本无从清楚地计量我们的经验以及自身所处的这个世界。一旦我们将事物从其所在的情境中剥离出来,将形象与背景割裂开来(对于这一点,稍后会做探讨),那么一股动荡的乱流必然出现。但是,从质到量的转变在某些层面上就是我们的文明发展的故事。数学、货币体系和复式记账都是从根本上改变了生活可能性的关键创新。然而,我们迈向越来越精细的测量方式的旅程,也是一段不断远离我们的身体、我们的感官以及深陷我们究竟是谁的那种混沌状态的旅程。

02

第二章
图底关系

人的异化

  身处一座古老的天主教堂，聆听管风琴的鸿蒙之声是一种别样的非凡体验。当低沉、共振的轰鸣声响彻屋宇，你会感受到一种从头到脚的震颤。你周身的空气似乎都在震荡，每一个音符都在体内回响。那是一种让你心生敬畏的切身体验。不难想象，进入现代社会之初，在电力和音箱出现之前，那些在教堂聆听到如此巨响的人会产生一种怎样的体验。对人们来说，这种震慑心扉的轰鸣声或许无异于天雷之音。即使是在今天，你也很难不沉浸其中，在那神圣威严的音乐声中迷失自己。对教堂来说，管风琴显然是一件有力的招募工具。它的深沉轰鸣不仅在震慑身体，或许也在升华灵魂。

  当我们的身心被一股巨大的力量紧紧包围时，我们会感受到自己的脆弱，以及生而为人的局限性。我们想要向内寻求，自我封闭甚至逃离。纵观历史，各路宗教和国家政体一直都在使用宏大的规模、壮观的场面，比如宫殿、大阅兵和大教堂，来训诫子民，使其心生敬畏。我们的身心的确受到尺度或规模的影响。与此同时，我们也通过一种尺度感来理解这个世界。我们与尺度或规模的直面相遇并不短暂。随着大工业化时代的到来，个人或者个体备受大型机器、机械化战争和无情工厂的侵袭与打击。因此，同时出现与之相应的"异化理论"与"炮弹休克"①就绝非偶然。当我们试图理解为什么我们面对现实无形的纠缠会如此无助时，我们也正在直面尺度或规模的改变给我们带来的影响。我们所处的世界正在发生新的改变，随之而来的是一系列知觉与观念层面的全新挑战。为了理解它们，我们将要探究个人与其周遭环境的尺度或规模之间复杂又亲密的关系，意图更有效地理解尺度或规模在塑造"我们是谁"的过程中所起到的重要作用。

19世纪末20世纪初的艺术家、社会评论家和哲学家将现代社会中人的异化与来势汹汹的城市机械化和电气化发展联系起来。工业革命时期，大量农村人口涌入城市。面对高耸的建筑、轰鸣的机器、嘈杂的车间和严重的污染，他们毫无准备。就是在这一时期，西格蒙德·弗洛伊德提出了人通过无意识与"自我"分离的理论。卡尔·马克思则指出，人的劳动在资本主义工业生产过程中逐步异化。巨大的基建规模、灯火通明的夜晚、高速发展的脚步和自动化的交通方式，这一切的外在环境都在强烈刺激着人类的感官，让人类感到无所适从。1939年，德国社会哲学家沃尔特·本杰明浪迹于欧洲各大城市的繁华林荫大道上，意欲寻找

---

① "炮弹休克"（shell shock）是一个概括性术语，用于描述人们在第一次世界大战中所遭受的身心伤害。——译者注

到一种可以让个人从纷乱复杂的机械生活中得以解脱的哲学。他这样写道:"穿行在现代交通模式中的人们小心翼翼、提心吊胆。站在危险密布的交叉路口,紧张的神经就如电流一般立马遍布全身。19世纪法国现代派诗人、象征派诗歌先驱夏尔·波德莱尔则形容说,当一个人涌入人群,就好似一头扎进了一个'蓄电池'一般,而这个遭受到'电击'的个人不过是一个有意识的'万花筒'。"[1]

弗洛伊德、马克思和本杰明用他们各自的笔触捕捉到个人被自己身处的环境不断消耗的生存困境。个人不再完整,而是一个支离破碎、意识清晰的"万花筒",感受着狂喜、幻象、游离、分裂和疯狂。急速发展的新兴城市让这些初来乍到的人迷失在一片混乱之中。他们被高耸的建筑、轰鸣的噪声和密集得让人"神经紧张"的体验瞬间吞没。个人与周遭环境的疏离导致其不得不面对生活异化、炮弹休克、发疯以及其他各种神经衰弱的症状。这种夹杂着兴奋与刺激的迷失感和困惑感催生了诸如未来主义和超现实主义一类的新兴运动。参与其中的创作者借由这些新的情绪和感观刺激开启了他们的旅程。

管理学的兴起也可以追溯至这一时期,追溯至那种错位感的产生。以弗雷德里克·温斯洛·泰勒为代表的机械工程师们努力想要让人的能力与日渐塑造其生活环境的机器同步发展。戏剧大师查理·卓别林在电影《摩登时代》中嘲讽了这种将人等同于机器的趋势。他在剧中扮演的角色长年累月地在流水线上重复同一个动作,看上去就如同一枚镶嵌在机器中的小齿轮。然而,像泰勒一样的工程师们则试图在这些神奇的新机器与在机器旁工作的人之间找到一个完美的契合点。泰勒将工作任务细化，仔细计算有效完成每一步所需的时间，进而制定规则、拟定协议，以期最大限度地提高工作效率。然而，这样的工作模式往往以牺牲工人自身的幸福为代价。换句话说，泰勒所做的是让工人尽可能地适应并配合工厂机器的运转速度、力量和规模。

尺度感

尺度无处不在，如影随形。它关乎我们的身体，却又没有实体。我们制造尺度、塑造尺度，使其成为自我定义的一部分。不断被创造建构的尺度无处不在。我们依据周遭环境进行自我定位和认知的能力是我们得以活在当下的制胜法宝之一。这种能力规划并组织我们的生存空间，让我们在充斥着各种混乱的感觉和经验的汪洋大海中寻得了一个可以进行某种预估的平台。

我们会借助身体来感知事物的尺度，而量度则将感知转化为一种别样的却更为精确的认知形式。譬如，看着脚上磨出的水泡，我们知道自己已走了很远，而智能手机会告诉我们：已徒步行走5英里。"水泡"和"5英里"都是帮助我们衡量远近的指标，尽管前者与我们的身体感受紧密相关，而后者则量化到一个我们的大脑能够理解的具体数值。我们可以感受轻盈，闻到恶臭，尝到苦涩，倾听宁静，看到大小。但是，如果不借助测量与尺度，我们就不可能知道地球有多大，分子有多小。因此，尺度本身就介于我们的身体与大脑之间，徘徊在感受与认知之间。

不过，正如我的女儿让我意识到的那样，人类对尺度的掌握与理解并不是天生的。16岁那年，她在一个青年夏令营当救生员，记得她讲起有一些年龄较小的孩子猜测她已经40岁了，还有孩子恳求能不能在洒水器下玩15分钟……事实上他们连一分钟都没玩到。的确，我们是在学校开始接触有关测量和尺度的相关知识的，但是那点儿内容并不足以指导我们应对日常生活中出现的各种状况。事实上，我们是在不同的生活情境之中，通过反复的身体体验，才形成了一种看似与生俱来的对尺度的把握与理解。

纽约，尤其是曼哈顿，总是给人一种强烈的压迫感。因为你站在那里，放眼望去，全是高耸入云的建筑立面（见图6）。喧嚣与活力在沥青、混凝土、石灰石、玻璃墙之间来回碰撞……回旋放大。摩天大楼、公寓、高层建筑、办公楼、物资仓库，这一切都在决定着我们的身体感受。人们居住于此，但是这个集结着大量的人群、高墙和压缩空间的地方，很少会让人联想起传统意义上的房屋或者家。面对规模如此庞大的基础建设，人的存在好像只排在第二位。我们会不经意间偶遇"自然"，不论是人行道上突然冒头的杂草，还是精心规划的中央公园，它们好像都不过是我们忙于"正事"时的短暂一瞥。所以，不论是韩国的首尔还是中国的香港，一座城市的内在逻辑都被起重机、电梯、技术、钢铁、玻璃和砖石决定了。我们也许已然适应了或习惯了城市的尺度或规模。换句话说，城市的尺度或规模塑造了我们。我们学会习惯噪声，学会在数百英尺高的地方睡觉，学会在人潮汹涌中相互擦肩而过。

图6 纽约，纽约

走在费城的大街上则是另一种截然不同的体验。目光所及，大都是三四层高的楼房。费城有很多别称，其中一个就是"家园之城"。同旧金山、巴黎一样，它显然是根据人和马车的尺度而非电动起重机的尺度建造的。的确，在费城市中心的商业和金融区，我们也能够看到矗立的摩天大楼，但它们看上去更像是一种反常之举。那种感觉就如同你在纽约高楼林立的华尔街突然看见了绿意盎然的中央公园一样。在费城，你抬头就能看到天空。建筑物的高度大都在人的目力所及之处，与起重机、电梯所能承载的规模毫无关系。对很多人来说，所谓上楼不过是两三层高度的事。所以，费城是一个缓慢向外、渐次铺展的城市，而曼哈顿则是极度稠密、不断向上延伸的城市。同全球大部分的城市一样，费城是规划师、建筑师、建筑工人和居民们倾尽心血合力建造的。在这个过程中，人充分发挥了自己的聪明才智以克服诸多的外在限制。但总体而言，这个城市的一切都适宜于人类的视野。我们的身体、我们创建的环境和我们在这个环境之中有可能的生活状态，三者之间存在着一种互补关系。

新罕布什尔州的康科德市虽号称州府，实则就是一座大城镇。其城市风貌，从东到西、从南到北，一目了然。整座城市被森林环绕，梅里马克河穿城而过，边界与地貌清晰明了。当然，它的完整性离不开当地居民长期以来的清晰认知。骑上自行车，不过几个小时，你便可一览康科德市的全貌。即使徒步，一天之内你也能走遍全城。"镇"上最高的建筑物——金色圆顶的议会大厦在阳光下熠熠发光，犹如一座灯塔，让人无论在哪儿都能立即确定自己的方位。对当地居民而言，康科德市的规模合情合理，完全在他们认知了解的范围之内。

佛蒙特州的格林斯伯勒市所呈现的则是另外一种秩序（见图7）。在这里，自然至高无上，人类及其活动退居其次。格林斯伯勒市所在的区域被当地人称为"东北王国"[1]，从这里驱车不远便可抵达加拿大的边境。但它与世界上其他城市可谓天差地别。在

---

[1] 美国佛蒙特州的东北角常被称为"东北王国"。1949年，佛蒙特州前州长兼美国参议员乔治·艾肯（1892—1984）在一次演讲中首次使用了该术语。——译者注

这里，你可以看到人类建造史上的一个例外。冻胀垄岗，地表渗水，人类就像是匆匆过客。大自然的洪荒之力终将收回人类建造的一切。

图7　佛蒙特州的格林斯伯勒市

每一种不同的环境都会在人的身体、感知、资源与尺度之间建立起全然不同的关系。在每一种关系中，压迫与开放、噪声与安宁、活力与挣扎都在以不同的方式存在着。在遥远的北国佛蒙特州，蚱蜢、电锯和冒着傻气的潜鸟打破四周的静谧；在人声鼎沸的纽约，电钻、公共汽车和警笛的声音划破夜空。但此刻，我感兴趣的是另外一个领域，是我们面对周遭环境的那种隐约存在的测量感和评估感。面对参天松树或者摩天大楼，我们会感觉到自己的渺小；面对一整片开阔的玉米地或楼间天井，我们会感觉视野开阔。这些与尺度相关的感官体验始终都在塑造着我们的生命体验。

尺度也是梦想与奇幻的灵感源泉。它会引发强烈的情感共鸣。马戏团、游乐场恰是利用尺度的剧烈变化吸引着人们的注意力。那些比实物或大或小的场景让我们心生好奇，又或是胆战心惊。每一项都将我们内心孩童般的恐惧与想象玩弄于股掌之间，简直与儿童读物和儿童电影如出一辙。《大红狗克里弗》《借东西的小人》《圆梦巨人》《魔柜小奇兵》《格列佛游记》《神奇旅程》《亲爱的，我把孩子缩小了》《缩小人生》《蚁人2：黄蜂女现身》，所有这些作品无不是借用不可思议的尺度变化，或放大或缩小，让我们欲罢不能。毫无疑问，这些神奇的"魔法"主要针对的是尺度概念尚在建立之中的年幼孩童。对他们而言，身形庞大、脚步沉重的成年人无异于出现在身边的其他"物种"。所以，他们被大与小、强与弱同时存在却又任意置换的奇妙世界深深吸引就不足为怪了。事实上，人类对尺度的着迷并不会随着童年的结束而结束。克拉斯·奥尔登堡、库斯·范布鲁根、杰夫·孔斯、劳里·西蒙斯、汤姆·弗里德曼和查尔斯·雷等当代艺术家的作品都在探求尺度所带给人的心理影响。例如，在1993年的雕塑作品《浪漫家庭》中，查尔斯·雷有意将两个孩子的身材尺寸放大至和父母一样的大小。于是，两个体型与年龄毫不相符的"巨婴"不由得引人思考核心家庭所谓的幸福"浪漫"。这部作品让我们直观地感受到尺度可以引发一系列的复杂情感。

  年幼孩子眼中的世界的确是另外一番景象。他们认为，巨人就像人类驯养的那些大型哺乳动物一样行走在这个世界上，觉得在车里的几小时如同几天那么长。对一个三岁的孩童来说，那一年的夏天就像是没有尽头的永远，因为那是他全部人生的 1/12。然而，对他们可能年近 40 岁的父母来说，夏天似乎眨眼之间就过去了。因此，在人的一生中，人的尺度感随着一再重复的个人经验和并不精确的测量手段而充满变化。

不稳定的图底关系

我们可以通过设计学中的"图底关系"这一概念来深入了解尺度或规模与自我及周身环境的感觉那微妙变化的动态关系。图底关系最早由心理学的一个重要流派——格式塔学派[①]的心理学家于19世纪末提出。他们指出，人类视觉感知的组织原则在很大程度上与人在自然环境中的适应及生存能力紧密相关。譬如，在任一给定的场景中，我们可以有效地分辨出有形的"图"和无形的"底"，或者独立的图形与延续的背景。一头伫立在草原上的狮子就是在一片广阔背景中截然独立的"图"。然而，如果这头狮子隐身蹲伏在一片草丛之中，那么它的身形所展示的"图"与以大地为背景的"底"所形成的关系便被彻底打破了。在这种情况下，隐藏起来的狮子就会大大降低人的生存概率。

[①] 格式塔学派的名称来自德语 Gestalt，意指"模式、形状、形式"。这一学派兴起于19世纪末20世纪初的德国，又被称为完形心理学，主张人脑的运作属于一种动态的整体论。——译者注

从这个意义上看，所谓的"图"可以是人或视野中的任何物体、任何不连续的独立存在的物体，比如花瓶、树、汽车喇叭，甚或是大地上划破长空的闪电（见图8）。图9所展示的就是一个以楼梯和天空为背景的人的形象。然而，加拿大裔美国抽象画家阿格尼丝·马丁在其现代主义代表作《树》（见图10）中，将蜘蛛网式的统一的网格线条均匀地分布在画布之上，从而带给人一种截然不同的感知体验。当"图底关系"被打破时，当图形彻底消失或者说融入背景之中时，我们对图形的具体感知必然就会发生改变。马丁创作的蛛丝般灰色网格让我们无从获得寻找画面含义的动力。我们只是在感知一种视觉上的和空间上的存在。

尽管我们知道摄影图像并不可靠，但还是愿意相信"眼见为实"。数字图像和模拟图像都利用尺度和比例营造出一个新的图形空间。尽管一张照片所呈现的场景具有真实的视觉特性，但是因为它所描绘的场景缺乏某种预先存在的图像比例，所以无论是通过印刷还是屏幕，照片都缺乏一个让人感知图形大小的背景框架。一张8英寸[①]×10英寸大小的照片既可以展示一座城市的全景，也可以轻松展现一个微型芯片的所有细节。我们正是根据照片本身所呈现出来的图底关系来获知并确认我们看到的究竟是什么。

以下面这张照片（见图11）为例，第一眼看上去就是一整片中性的灰色区域，一个纯粹的视觉体验，很难确定它是什么，

[①] 1英寸≈0.025米。——编者注

图8 图(闪电)和底(天空)

图9 以楼梯和天空为底的孤独的人

图 10　阿格尼丝·马丁（1912—2004 年），《树》，1964 年，©ARS.NY。油彩和铅笔帆布画，6 英尺 ×6 英尺，拉里·奥尔德里奇基金会奖。现代艺术博物馆藏

图 11　不稳定的图底关系

对它的尺度或规模也无从得知。事实上，它是一张湖上起雾的照片，也就是说它的背景其实非常广阔。

恰是因为我们看到的画面只是一连串毫无变化的背景（底），没有任何可以视觉聚焦的形（图），所以我们无从确知整个场景的尺度或规模。这种图底关系的缺失导致我们茫然不知其所是。然而，就在取景角度相同的另外一张照片（见图12）中，我们可以看到模模糊糊的一艘渔船和船上影影绰绰的两个人。就这样，照片的尺度或规模突然之间清晰到位。跟着大脑可以识别的形象线索，我们已有的知识便与这张照片所展示的场景对应了起来。问题是，事情真的如此简单吗？我们对这张照片内容的确信，完全基于我们相信自己看到的模糊轮廓就是现实世界中一条船和两个人。然而，它们可能只不过是欺骗我们双眼的微型剪影。

图12 雾（底）中出现的渔船（图）

事实上，摄影师可以毫不费力地制造出这种具有欺骗性质的视觉效果。以那张闻名世界的"倒萨"照片为例。我们从照片中可以看到，当2003年美军在巴格达菲尔多斯广场将萨达姆·侯赛因的雕像推倒在地时，人群聚集，欢欣鼓舞。这张照片瞬间火遍全球，直观而有力地强化了美军一直以来的对外宣传，即大批伊拉克民众自发聚集在倒地的雕像四周，热烈庆祝独裁者被推翻。然而，实际情况是，摄影师有意将聚集着数十名民众的一侧仔细剪辑入镜，而大广场上其他零星有人的区域被刻意回避，以此强调推翻现有政权的民意支持，从而削弱美国战略争夺的意味。

在认知上，我们对摄影图片中影像场景的尺度或规模的理解与把握，是与我们在日常生活经验中获得的有关具体形象元素的知识紧密相关的。或者说，我们认为自己具备这样的知识。在线商城亚马逊以往只为顾客提供没有参考标量的书籍封面图片。最近，它开始提供与人物相关的标量线索。于是，一个人形的轮廓出现在一片纯白的背景上，有意思的是，此时书籍封面为图，人形轮廓为底（见图13）。

旨在捕捉我们周边世界某种本质的摄影图片是一种集中浓缩的表现方式。在尺度或规模上，它一定是渐次小于现实世界本身。譬如，当我们识别并观看图12中渔夫的样子时，就好像我们是透过一扇极小的窗口看到了他们。事实上，整张照片是对我们记忆中类似场景的缩小再现。当我们手持一张8英寸×10英寸大小的城市天际线的照片时，好像就轻易忘记了自己不可能将一座城市握在手中的简单事实。我们也已经习惯忽略

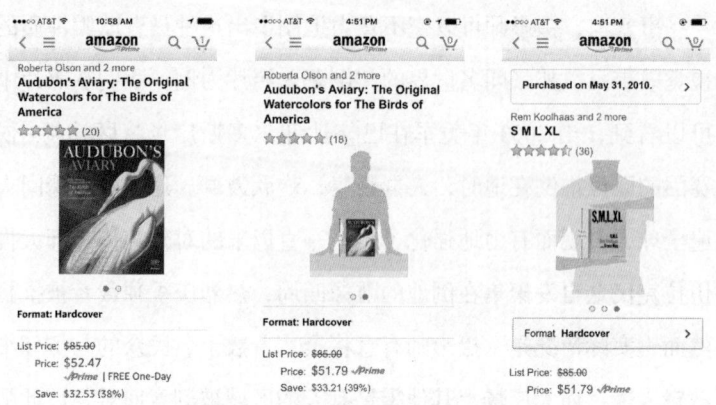

图 13　亚马逊网站上用人形作为尺度参考

这样的事实，即大小、焦点、分辨率、动态分布、透视图和比例不过是摄影镜头与传感器制造的产物，而非我们肉眼看到的图像。由此，照片是按一定比例对某种现实场景的模拟模型。然而，我们鲜少留意这种视觉概念上的改变，好像也不再"看见"照片中的尺度或规模。

纳米碳管黑体

2016年3月，一家名为萨里纳米系统的公司宣布了一项大胆创新。自成立以来，这家公司以生产纳米碳管黑体（见图14）而闻名于世。这是一种似黑洞一般的新材料，可以吸收99.965%的可见光。换句话说，它是如此之"黑"，以至人的肉眼几乎是看不见的。就在2016年，这家公司宣称从自己的反应堆中成功提取了一种更新、更黑的材料。那么，更黑有多黑？这家公司表示，他们使用的测光仪已无法从中检测到任何反射光。事实上，测光仪被升级更新的纳米碳管黑体损坏了。[2] 纳米碳管黑体的发明者在描述其光学特性时表示："可以说，想要看见纳米碳管黑体几乎是不可能的，因为从其表面反射出来的光非常少。当然，作为观察者，我们总是试图弄清楚自己所看到的东西。所以，有人会将他们所看到的描述为犹如看入洞中一般！"[3] 其实，这是人们对第一代纳米碳管黑体的印象。最新升级的第二代已经有效躲过了试图捕捉它的精密仪器。

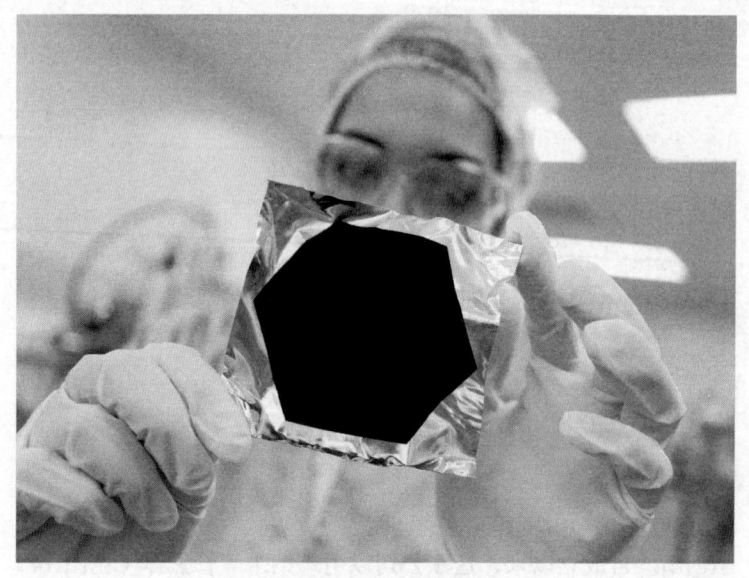

图 14　纳米碳管黑体样本，©Surrey NanoSystems

它不是一种颜料，也不是一种颜色，而是由数以百万计的极其微小的碳或者说是纳米碳管制成的功能化的密集"森林"。在英国，它被归类为军民两用的新型材料，部分原因就在于它"超出了可见光谱范围"的特性。也正因如此（兼具民用和军事用途），对这一材料的使用和出口都必须合乎相应的规范和限制。令人意想不到的是，萨里纳米系统公司选择将这种新材料在艺术创作领域内的探索性应用独家授权给了艺术家阿尼什·卡普尔。"这项独家许可明确规定卡普尔的艺术工作室只能在艺术领域——而非任何其他领域，有权使用此新材料。"[4] 作为一位处事高调、满世界跑的印度裔英国雕塑家，卡普尔专门从事大型装置艺术和概念艺术的创作。他看到了这种极端材料的独特潜质，所以这种材料对他的吸引力是深入骨髓的。"它就像是一种涂层……好比我们走进了一个无比黑暗的空间，身处其中，我们不知道自己在哪里，也不知道自己是谁。同时，你所有和时间有关的感觉也都统统消失了。我们会感受到一些自我情感上的变化，我们试图在一种迷失、混沌的状态中寻找到其他一些东西。"[5]

除了让灵敏的测量仪器彻底失灵，纳米碳管黑体还引发了人类认知上的不适。正如卡普尔所说的那样，它展示了一种类似黑洞的视觉感觉，让人原本拥有的时空感彻底丧失意义。不仅图底关系消失了，就连时空界限也不复存在。作为一种极限材料，纳米碳管黑体完全打破了我们可以量化尺度或和规模的逻辑，只留下令人无所适从的不安结果——仪器损坏、眼睛失明、大脑失灵。没有了可以依赖的知识，人类迷失在了虚无之中。

当我们盯着计算机屏幕、智能手机和平板电脑时，我们所获得的尺度感究竟是什么呢？运行于其中的规律又在如何重塑着我们？我们又是以何为依据来了解和理解自己的呢？工业时代给我们带来了与以往不同的图底关系，我们在它错综复杂的变化中不断发展。继而，信息时代带给我们焕然一新的体验。根据最新的尼尔森研究报告，如今成年美国人每天花费在数字屏幕前的时间近5个小时（加上看电视和听广播的时间，每天与媒体的互动时间接近12个小时）。[6] 如此巨大的日常生活模式的转变，怎么可能没有以某种方式改变着我们？电子屏幕背后的那个由信号、晶体管、信息和像素共同组成的奇妙世界显然是我们平淡无奇的日常生活中的诱人佐料。当我们戴上虚拟现实的眼镜时，我们又将沉浸于一个怎样的新世界？虚拟现实中的空间既是立体的又是模拟的。它是设计者运用一系列的视觉线索编制的幻象，并以此欺骗我们的身体、大脑和感官（目前主要是视觉的，也有部分触觉的）。在虚拟世界中，我们可以在大头针上翩翩起舞，也可以在电子间自由飘动。在这个完全数字化的环境中，人类极有可能全面重塑尺度或规模。倘若如此，人类便同样也具有了全面自我重塑的可能。或许，当我们望向这个虚拟空间的虚空时，我们看到的并不是空无一物，而是纳米碳管黑体。

第三章
突破极限

信号何以成为噪声？

2009年夏天，距"9·11"恐怖袭击事件已经过去8年，美国依旧深陷阿富汗和伊拉克的战事之中。美国原本计划以压倒性的军事力量速战速决，不想却深陷泥潭。正是在这一背景下，《纽约时报》记者伊丽莎白·巴米勒报道了在阿富汗喀布尔举行的一次媒体简介会。会上的内容足以比肩荒诞离奇的《奇爱博士》。

当时，时任美军和北约部队指挥官的斯坦利·麦克里斯特尔将军也在会场。在会上演示的幻灯片中，有一张以图解的方式展示了他对镇压各类反抗所做的动态分析（见图15）。面对眼前这个密密麻麻、错综复杂的策略图，巴米勒戏称它看上去就像是"一盘纠结交错的意大利面条"。麦克里斯特尔将军不无幽默地打趣道："我们什么时候能看懂这张图，什么时候就能取得胜利。"据称，他话音刚落，整个房间就"哄然大笑"。

也就是在那一刻，一件奇妙的事情发生了。一种极其微妙、

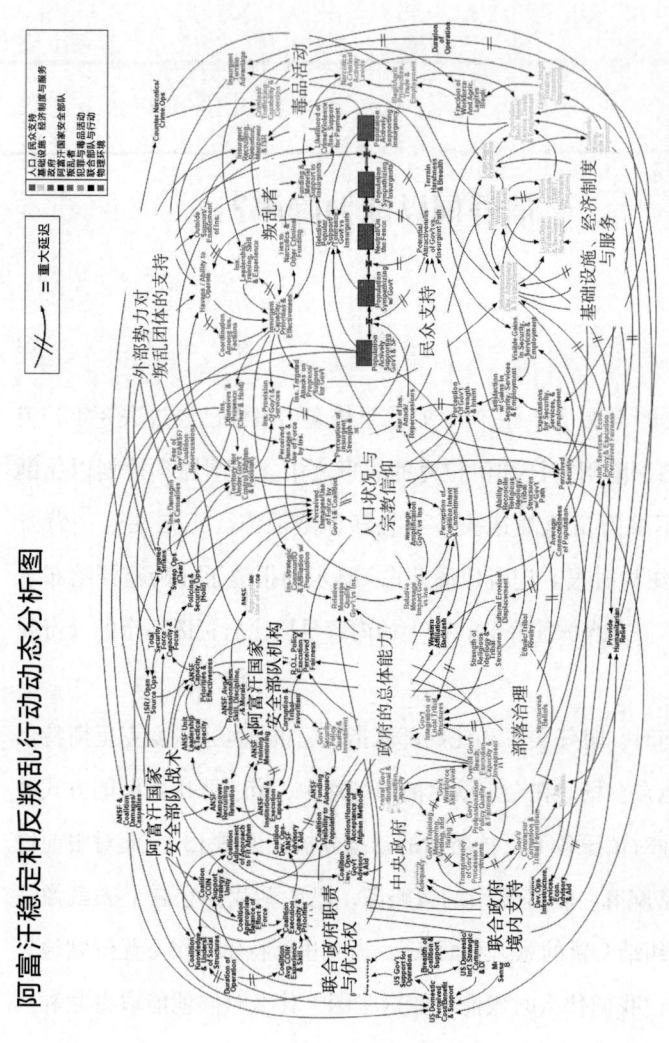

图 15 阿富汗稳定和反叛乱行动动态分析图，2009 年。美国参谋长联席会议办公室公开文件

几乎不被察觉的力量正在重塑他的行动领域，迫使他不得不面对一个令人困惑的现实。这个现实，即使在多年以后，依然在困扰着我们。可以说，地图，或者这个事例中的这张示意图所表达的信息已远超出了领土的概念。它让我们看到，统筹协调远比阿富汗军队的抵抗更令人无所适从。麦克里斯特尔领导的军队在搜集、整理和分析情报信息方面的能力远超过其有效利用这些信息并采取具体行动的能力。这并不是说，美军那压倒性的军事力量以某种奇妙的方式变得不再可能；而是说，过于庞大的可用信息似乎反而改变了信息本身的质量。尺度或规模将信号转变成了干扰的噪声。

虽然巴米勒发表的文章重点讨论的是幻灯片作为信息传递渠道的危险性，但是麦克里斯特尔将军的戏谑明显是针对信息图形本身而有感而发。这张策略图不可谓没有深思熟虑的见解。大概也没有人能否认阿富汗当地错综复杂的局势。然而，由于信息体量过于庞大，它在实际操作层面反而几乎毫无用处。至少这是麦克里斯特尔将军的那句玩笑话中所隐含的意思。图上密密麻麻的节点和连接线让人一看就觉得头都要炸了。信息量实在太大了。那些表示因果关系或者表示力量对比的箭头湮没了它原本具有的深刻见解。它一方面太具体明确，另一方面又太笼统模糊。

"我们什么时候能看懂这张图，什么时候就能取得胜利。"麦克里斯特尔将军的这句针对21世纪战争状态的戏谑之语，恰恰反映出系统的尺度或规模发生改变时所表现出来的一个特征。还是回到这张图，它所标示出来的各种信息、节点和连接线数量巨大，以至整张图所反映的"问题"发生了根本性的改变。麦克里斯特尔将军的讽刺性话语说明，他们原本意在涵盖一切信息的努力，以及他们努力的成果——这张名为《阿富汗稳定和反叛乱行动动态分析图》的策略图，从根本上改变了问题本身。从策略图设计者的角度看，制作这样的图是旨在将复杂的问题简单化，并从中找到新的可能性。然而，让他们始料未及的是，他们对系统的本质欠缺考量。如果意图传达的信息体量过于庞大，系统本身就会发生改变：幻灯片突然成了一场战争，统筹安排突然变成了他们的敌人。

物品以及系统在尺度或规模上的变化会让人大吃一惊。人们对其趋势的预估也因此变得混乱复杂。那些始料未及的结果也在部分程度上解释了为什么当我们发现以往熟悉的日常事物突然在数量上急剧变化时，譬如数百万份文件、数亿人口、数百亿美元等，我们试图理出头绪的挣扎与辛苦。当原本按线性发展并可预测的系统突然演变为非线性发展且不可预测的过程时，我们理解自身处境的能力很快就变得不再稳定。

蚂蚁能够学习阅读吗？

1968年，奥地利植物学家弗里茨·文特发布了一项有关蚂蚁与人类互换大小的思想实验结果。他在《科学美国人》这本杂志上发表了一篇题为《人的大小》的文章。通过对比在蚂蚁的微观世界与人类的宏观世界中存在的物理可能性，文特在文中探讨了尺度与行为之间的迷人关系。通常，人们普遍认为蚂蚁和人类遵循着一样的物理规律，只不过是按比例缩放。然而，文特通过实验证明这种假定大错特错。

一只蚂蚁能够学习阅读吗？这个问题的答案似乎取决于你是否相信蚂蚁具有足够的智力学习像阅读之类的复杂技能。的确，单只蚂蚁看上去微不足道，但一旦成群，它们的行为能力令人惊讶。然而，这并不是重点。在文特看来，问题的重点在于尺度。如果一本书缩小至蚂蚁可以阅读的大小，那么纸张分子键之间的力量将远超蚂蚁的应对能力。也就是说，即使有能力阅读这本书，蚂蚁也根本无法翻动书页。换句话说，当尺度发生变化时，你所面对的问题也将随之发生变化。文特进一步指出："如果将字母缩减至原来的1/1 000，就会达到能见度的极限，因为可见光无法识别一微米以下的形状。当蚂蚁想机械地记录信息时，它们就需要和亚述人一样将字刻在字板上。然而，如果将锤子缩小至蚂蚁可以使用的尺寸，它根本没有'动能'。也就是说，蚂蚁不可能使用锤子在石头的表面刻字。"[1]

同样，水滴不可能冲走蚂蚁外骨骼上的污垢，因为对蚂蚁来说，水的表面张力太过强大，水滴会从它的身上直接反弹出去。事实上，蚂蚁的每条腿上都长有小钩和倒刺，既用于攀爬也用于刮除污垢。以此类推，文特不厌其烦地举例说明。譬如，蚂蚁无法享用一杯咖啡，因为缩小的咖啡杯表面张力太大而无法倒入液体；蚂蚁无法抽烟，因为面对不能缩小尺寸的火焰，它根本无从靠近；蚂蚁也不能穿衣，因为缩小后的衣服黏附力太强以至根本脱不下来。总之，文特认为生物体的大小决定着与之相匹配的物理运行规律，而这些物理运行规律又决定着在不同尺度上的生物体所具备的不同能力。他指出，所有生物体的能力都受限于其大小与质量之比，所有生物体在世界上活动的能力都取决于它的尺度或规模。"如若人类的身高是现在的两倍，那么他跌倒时的动能将会是现在的32倍。如此一来，连直立行走都不再安全。"[2]文特进一步提出，我们必须重新考量适用于不同尺度或规模的不同的物理规律。在他看来，人类的活动基本在经典力学，即牛顿力学的范畴内。在这一尺度或规模下，人体感受到的物理作用主要是重力定律。蚂蚁的活动则更受到与牛顿力学大有不同的分子学和热力学物理定律的影响。甚至，按蚂蚁的尺度来说，身体长度和质量的测量都变得很不稳定。文特的思想实验证明，尺度或规模的改变会带来不可思议的后果。物理学家将此现象称为"标量变异"或标量不对称性，即系统行为随尺度或规模的变化而变化。

相变

相变[①]究竟有多剧烈？让我们以毛毛虫羽化成蝶的过程为例。那个黑乎乎的蛹或者茧中到底发生了什么？如果蛹在蜕变途中被切开，那么我们肉眼可见的既不是毛毛虫，也不是蝴蝶，更不是介于两者之间的某种稀奇古怪的东西，而是一些黏质液体。[3]对和毛毛虫一样的生物体来说，它们的生命进程自幼虫开始，继而不停地吃、不停地长，直到有一天长到基因决定的大小和质量。截至此时，它们的生长都是线性的、可预测的。然而，一旦到达了预定的门槛，荷尔蒙和基因开始发力，便开启了一个不同以往的相变过程。当毛毛虫开始上下颠倒地附着在表面上，通常是叶子表面，开始吐茧制蛹时，这个相变过程就开始了。蛹形成后，毛毛虫就会释放出一种消化酶来溶解自己的组织和器官。它也由

---

① 相变，物质从一种相转变为另一种相的过程。物质系统中物理、化学性质完全相同，与其他部分具有明显分界面的均匀部分被称为相。与固、液、气三态对应，物质有固相、液相、气相。——译者注

此从有形的生物变成了黏稠的液体。然而，那些漂浮在黏液中未被消化酶溶解的物质就是不可思议的"成虫盘"。这些迅速分解又快速组合的细胞结构开始形成蝴蝶的翅膀、触角、眼睛、腿、生殖器和其他身体器官。

生物学家玛莎·魏斯与合作者一道发现了这个神奇蜕变过程中的一个惊人事实。魏斯和团队测试了毛毛虫针对负刺激条件的条件反应的神经持久性。譬如，将毛毛虫暴露在难闻的乙酸乙酯的气味中，同时还用轻微的电击刺激它们。值得注意的是，毛毛虫确实在这样一个负面环境中吸取了教训。在之后的一项测试中，当毛毛虫面对没有气味的小室和有乙酸乙酯的小室时，绝大多数的毛毛虫（78%）都选择了前者。蜕变完成后，研究人员继续对蝴蝶进行了同类测试，发现绝大多数的蝴蝶（77%）也都选择了不含有乙酸乙酯的小室。这说明尽管在蜕变过程中，毛毛虫分泌的消化酶将自己完全溶解，但它们的记忆依然存在。[4]

完全变态或蜕变的生物体（即经历组织和器官的完全蜕变）具有持续的记忆力，这一研究成果的确引人注目。然而，与它们在宏观层面的激烈变化相比，这一点又显得黯然失色。一只原本蠕动的、食叶的、受制于地球引力的毛毛虫突然变作了一只飞舞的、吸食花蜜的空中精灵。这种生物体具有将自己幼虫阶段的生命编码细胞几乎完全溶解，继而以一种全新的生物程序重塑自己的超凡能力。随着它们本身尺度或规模的变化，它们的系统行为也发生改变。毛毛虫借由食物和基因的推动，蜕变为与最初的自己几乎毫无相似之处的新生物。但是，它们的感觉记忆奇迹般地被保留了下来。不论是蚂蚁还是蝴蝶,都为我们揭示了尺度或规模的沧桑巨变:当某种系统或系统中的元素在尺度或规模上发生改变时,它们存在的本质也发生了不可预知的剧烈转变。

量子态叠加

如果人类的尺度或规模缩小至比毛毛虫和蚂蚁还要小的程度，那么物质的表现将会变得非常惊人。态叠加是量子物理学的一个基本原理，是指在某个数量级别下，具体而言是在量子级别下，粒子可以同时位于两个位置或者说具有"超距作用"。（坦率地说，这不是一项新发现，但的确是一项振聋发聩甚至令人费解的发现……）至少从20世纪30年代开始，科学家就提出，如果物质在尺度或规模上无限接近量子级别，那么它们将会展现出奇特的表现。当时，爱因斯坦对这一假设嗤之以鼻，称之为"幽灵般的超距作用"。然而，时至今日，一系列的新发现都表明爱因斯坦的确错了。不过，只有当物质无限缩小至难以想象的、几乎不能被观测到的程度时，这一奇特的现象才会发生。英国理论物理学家吉姆·哈利利和分子生物学家约翰乔伊·麦克法登不仅在量子力学领域（量子理论如何影响物理世界中的能量和物质）进行探索，而且在新兴的量子生物学领域（量子理论如何在细胞层面影响生命系统）进行研究。针对量子难题，他们这样写道：

> 如果说量子力学能够如此完美且准确地描述原子的行为以及与之相关的奇特之处，那么为什么我们看不到我们周围的物体，包括我们自己（事实上，我们就是由这些原子组成的）同时出现在两个位置，能够穿越难以逾越的障碍或者在空间距离中完成瞬间的互动与交流？显然，量子原理只适用于由少数原子组成的单个粒子或系统。但是，大型的物体则由亿万个原子以令人难以置信的多样性和复杂性结合而成。实际上，我们正在以某些方式开始理解这样一个事实：大多数的量子奇特现象会随着系统规模的变大而快速消失，最终回到遵循物理学家通常称之为"经典物理"的日常世界。[5]

看来，过于庞杂和凌乱的人类不可能适用于量子世界的奇特规则。尽管我们不可能领略量子态叠加的好处，但是对世界上的其他生物来说未必如此。李统藏与尹璋琦两位科学家近期提出将细菌分子制备于铝膜上，继而观察如果将这一组合置于量子叠加状态时究竟会发生什么。科罗拉多大学的研究人员已成功将铝膜组合置于量子微态之中。相比铝膜，其上附着的微生物要更为微小。所以，接下来他们希望能够记录在谜一般的量子世界的力量下微生物所产生的变化。[6]量子物理学家用"纠缠"一词来形容这种一个粒子和与之对应的另一个粒子在一种不可能的条件下彼此互动的物理关系。的确，几乎没有比"纠缠"更合适的词来形容我们与尺度或规模之间错综复杂且充满变化的关系了。实际上,那些在山、树、大象、熊、人、猫、跳蚤甚至尘螨的尺度上不可能发生的事,却可以在一个简单的细菌的尺度上发生,这是可以想象的,甚至是可以予以验证的。

"与事实不符"

这个世界上我们所面对的一切，无论是有形的物体（灰尘或山脉）、无形的力量（风或光），还是各种理念（问题或机会），无不有着大大小小的尺度或规模。比如，我们会说工作压力太大，或者形容说压力如山。我们已经将日常生活中所历经的一切内置为一种可以比较和衡量的尺度或规模，一如我们测量窗外的温度或者汽车轮胎的内压。显然，我们每个人都能体会到看似无形的压力增大、减小等变化所带来的不同。问题是，我们所认知的世界并不一定完全遵循常规规则或规律，因为标量框架会发生转移，尤其是当我们面对的是一个数字化的新世界时。

例如，如果我使用现在通用的电脑文字处理程序 Microsoft Word 打开一个文档，我可以设置自己想要的页面大小。假设我设置成一个美国标准信封的大小，即 8.5 英寸 ×11 英寸，那么我输入的内容会自动被调整为适合这一尺寸的格式出现在屏幕上。这项被称为"所见即所得"（WYSIWYG）的创新技术使得新手用户更易上手，并且在数字世界与我们熟悉的物理世界之间架起了一座稳固的桥梁。与此同时，Word 文档可以在一个相当宽泛的范围内（10%～500%）进行缩放，所以我既可以点击缩小查看细节，又可以随意放大观看整体的打印效果。这是应用软件的一项简单且有效的功能。它可以让用户在自己舒适且熟悉的距离上处理文档。如果我想将自己设置的 8.5 英寸 ×11 英寸的文档页面显示比例调整为 100%，那么屏幕上会出现怎样的效果？答案显而易见，8.5 英寸 ×11 英寸按 100% 的比例显示，一定就是 8.5 英寸 ×11 英寸。但是，如果我拿出尺子，对着出现在我那 15 英寸的笔记本电脑屏幕上的文档仔细测量，我就会发现它的尺寸实际上是 6.25 英寸 ×8.125 英寸。而且，更让人困惑的是，8.5 英寸 ×11 英寸的文档在不同的电脑屏幕或显示器上因其大小及分辨率的不同而有着完全不同的显示效果。这是一个微小的改变，尽管它看上去毫不明显，甚至微不足道，但可以说我们与尺度或规模的关系正在悄然发生改变，而这种改变也正在改写我们的认知世界。

对常年面对电脑屏幕进行图像编辑的人来说，这类标量尺度的"纠缠"可谓司空见惯。所有人都会说，出现在图 16 中的两只蘑菇一模一样。即使观察距离拉得再近，我们也不会看到什么明显的区别。然而，左侧图像的像素是 600×600，而右侧的是 2 544×2 544。当我们的视觉成像是在电脑屏幕的环境中时，它们看起来就是一样的。然而，如果按照它们的实际尺寸打印出来，那么其中一个不比邮票大多少，而另一个就是一幅小海报。

图 16　两张看似相同但像素大小差异很大的照片

于是，一如 Word 文档所显示的那样，屏幕上的图像空间与实际生活中的图像空间之间有着根本的认知鸿沟。所以，依赖计算机工作的设计师们一直以来都为此苦恼。例如，在设计一款海报时，他们需要时刻牢记，在电脑屏幕上比例各方面都显示合适的文件一旦打印出来贴在墙上，有可能完全是另外一回事。即使页面布局将作品在电脑屏幕上按比例缩小，各种比例与数据关系都不做改变，一件具体的以其真实尺寸出现在现实世界中的作品带给人类眼睛的感觉刺激，与电子作品所能带来的还是有着本质的区别。以上的这两个例子（不论是 Word 文档不能显示真实的页面尺寸，还是制图软件 Photoshop 让像素完全不一样的图片看上去毫无差别），都说明以计算机为媒介的环境已经从根本上改变了架构我们日常经验的感知途径。当然，这种"与事实不符"并非改变人生的大事，但它的确说明，随着我们花费在电脑虚拟空间中的时间越来越多，我们的感知能力正在悄然发生着微妙的改变。

数位时代的"免费"与"价值"

　　数字化不仅影响着我们对周围事物的感官知觉，也改变着经济创造和流通价值的方式。如果经济是另外一种形式的战争，那么在新兴电子战场上出现的根本性的不对称和比例失调将极有可能出现在数字市场中。届时，无关紧要的将变得无所不能，毫无价值的将变得价值连城。2010年，《连线》杂志前总编克里斯·安德森出版了《免费——商业的未来》一书。这本书梳理了随着信息网络的兴起和数字"产品"易于复制的特点而出现的一种相对较新的经济状况的发展轨迹。基于摩尔定律[①]，即对芯片处理速度每两年翻一番的预测，安德森指出技术创新正在降低数字经济的三项主要驱动因素的成本：计算机的处理能力、带宽和

[①] 摩尔定律由英特尔公司创始人之一戈登·摩尔提出。他认为集成电路上可容纳的晶体管的数目，每隔两年便会增加一倍。目前最常被引用的是"18个月"。这一对现状的观测以及对未来发展的预测在过去数十年里一直相当有效。——译者注

数字存储。事实上，它们的成本正在急剧下降，从而使制造、分配和存储数字产品的成本几乎接近于零……甚至在某些情况下，彻底为零。当然，不论成本是否真的为零，接近于零的现实都让其变得可以忽略不计。这种接近无限供应的模式的确具有颠覆众多经营策略原则的效果。在几乎免费提供商品和服务的同时，公司通过从大量用户那里搜集流量和数据获得了巨大的收益。

正如安德森所言，"免费"一事由来已久。我们去超市停车是免费的，许多手机公司都会免费赠送手机。然而，不论是哪种情况，你所享受的"免费"待遇其实都被你的"交叉支付"承担，即你在超市购买的食物价格会更高以涵盖停车费，购买手机的费用也早已分摊在你所购买的运营套餐中。大多数的广播、电视在20世纪都是向公众免费开放的。这种免费的服务其实是由广告商和它们的第三方客户买单的。但是，消费者不一定会看到的一点是，广告成本实际上包含在产品的附加费用之中（为广告付费就是为免费的广播、电视付费）。正如安德森所说的那样，数位世界中的"免费"与以往实体市场中的"免费"是两回事。[7]

举例来说，谷歌的大量产品和服务（从网络搜索到文字处理，从电子邮件服务到视频平台优兔）几乎都是免费的。但实际上，它找到了其他的途径，比如点击式广告模式（这种模式或多或少就是谷歌自己发明的），使广告商作为第三方购买面向谷歌用户的广告空间。就这样，谷歌在不向消费者直接收取任何服务费用的前提下，发展成一个价值数十亿美元的大公司，成了这股经济大潮中的弄潮儿。谷歌实现了"关注""流量"本身的利益化。它在提供各种令人赞叹的产品和服务的同时,通过读取自己客户的数据而获利。安德森认为,谷歌的搜索算法使其优于竞争对手。这种算法会随着网络规模的扩大而有着更佳的表现。与之相比,它的竞争对手则随着使用量的增加而面临成本增加的难题。谷歌能够做到在不显著增加成本的情况下扩展用户群,继而以此为资源通过其他方式获取利润。安德森写道:"当巨大的体量使成本降至谷底时,价值却转移至相应的高位。"[8]

安德森在书中还以另类摇滚乐队"电台司令"为例。他说这支乐队决定放弃传统的音乐销售模式,而以一种新颖的方式试水"免费"经济。它摒弃了以往的零售和分销渠道,选择直接在网上面对粉丝发售作品。它允许任何人免费下载其专辑《在彩虹中》,如果对方觉得这样做是公平的;对方也可以支付他们自己认为合适的费用。与传统的黑胶唱片或光盘刻录不同的是,音乐作品数字化之后的复制成本几乎为零。因此,所需的成本仅仅是带宽、数位存储以及为专辑提供文件运输协议站点所需的费用。所有这些加起来都是一笔很小的支出。结果《在彩虹中》成为电台司令成立以来商业发行最成功的一张专辑,累计发行量超过300万张。乐队成员从这张专辑的数字下载中所获得的利润比之前按常规模式发行的任何一张专辑的收入都要高。[9]

这些事例说明,规模上的增加或减少并没有相应地导致经济效益的扩大或缩小。相反,它们完全重写了其中的运行规则。在谷歌和电台司令的例子中,无论是谷歌通过第三方获取广告收益,还是电台司令通过"支付随你"方式获取销售所得,这一过程中的确完成了金钱交易。谷歌找到了通过免费赠送产品而创造价值的方法。

不过，维基百科的发展则是另一个不同的故事。维基百科的发展完全有赖于精力充沛又乐于奉献的志愿者。它汇集了大批量的免费劳动力，并由此创造了一个品类杀手式纯粹免费的百科全书。问题是，为什么成千上万没有任何报酬的志愿者愿意付出自己的时间、精力和智慧来打造一个毫无先例的全新产品呢？安德森认为，维基百科的快速崛起与其之后的持续性成功得益于两个方面。一方面，志愿者的确从他们的自愿服务中得到了回报，尽管不是以金钱的形式，他们在服务社会、个人成长和分享知识的过程中获得了自我成就感。换句话说，老板交代的日常工作并没有完全消耗他们的个人才智，即他们具备认知盈余。同时，对自己感兴趣的话题，他们通过编写、争论和思考得到了进一步的学习。另外，他们的付出使他们有一种因为自己的参与而让整个社区得以蓬勃发展的成就感。所以，无论这些遍及全球的志愿者是美国好莱坞演员朱迪·嘉兰的粉丝、卡西欧 LED 手表的收藏者，还是伊拉克战争的发声者，他们的劳动的的确确都在产生着价值，只不过并非我们经常提及的经济价值。

另一方面，维基百科的成功得益于它的规模。维基百科体量巨大，有一小部分用户的付出就可以保证它的成功。这再一次证明，用户群的规模扩张使得价值链产生了新的模式。安德森预计维基百科每一万名线上用户中会有一人是志愿者，即词条作者。但是，由于它公开、免费地面向全世界的所有人，所以它的用户群实际上会是一个天文数字。在这样的规模下,即使是一小部分人在提供无偿服务,其数量也必然是惊人的。[10] 安德森告诫自己的读者,千万不要用古典经济理论中的"稀缺"概念来理解互联网经济。恰恰相反,互联网催生的是一种建立在极度"丰富"的基础上的新型经济模式。恰如他一直在强调的,当一切都"免费"时,新的价值正在别处产生。换句话说,尺度或规模改变了,问题和机会也随之发生了改变。在新的体系中,"战利品"属于那些极其聪明,能够预知新的价值将出现于何处,并在第一时间赶到那里的人。

为了践行自己在书中描述的经济规则,安德森专门说服这本书的出版商跟他一起走一条"免费"之路。借用互联网出版商蒂姆·奥赖利的那句名言,"作者的敌人不是盗版而是默默无闻",安德森启发自己的出版商依照他所观察到的新型经济的规则特点制定了一项出版策略。[11] 这本书一经面世,人们就可以在电子图书平台 Scribd 和谷歌读书上整本免费阅读。然而除了一份 9 页的预览,读者并不能完整下载或打印整本书。但奇怪的是,人们可以免费下载整本书的有声读物;若你想下载删节版的有声读物,反而需要花费 7.49 美元。[12] 就在这里,我们看到了规模效应在互联网上的定价、效益和内容方面那模糊的基底。因为在互联网时代,体量和规模的过于庞大或"丰富"已经完全打破了传统经典经济学中普遍适用的规则,所以安德森和他的出版商对这本书进行了分层定价,各个层级互相叠加,看上去就像是一个扭了几扭的椒盐小麻花。他们由此想要弄清楚收益究竟会在哪一个层级凸显出来。毫无疑问，其中有"时间就是金钱"的考量。因此，删节版反而比完整版更昂贵。与此同时，出版商通过只在某一时段提供一些完整版有声读物的免费下载而有效利用了关注效应。同样明显的是，庞大的网络规模以及互联网生产、分销和存储成本的直线下降已经对我们传统意义上的价值或"收益"造成了巨大的破坏。[13]

何为大数据

数据到底是如何变"大"的？在数据领域，我们同样遇到了足以改变整个体系的"相变"。数据规模的变化同样造成了有关知识、洞察力和控制力的无以预测的新形式。显然，"大"数据就是对规模的描述。从数据到大数据的演变包含着从一种信息质量到另一种信息质量的转变，或者可以说，大数据的鼓吹者让我们相信这一点。

在观察者的眼中，大数据可不仅仅是数据。对大多数人来说，亚马逊就是一个产品销售商，从卫生用品到玩具再到电锯、西柚，无所不售。实际上，亚马逊的业务范围早已从产品销售扩展至影视制作，并有专门的网络视频点播平台。目前，它也已进军智能手机、平板电脑与电子书阅读器的设计和制造领域。尽管亚马逊在数字分销领域一家独大，其市场占有率足以媲美美国第一大零售商沃尔玛、第二大零售商西尔斯·罗伯克公司在实体经济市场上的表现，但是有相当长的一段时间它都无法赢利。亚马逊逐渐意识到公司的零售业务有可能会亏本收场，又或勉为其难地保持收支平衡，但它在互联网的大潮中发现了其他的盈利点。2015年10月，占亚马逊收入8%的亚马逊网络服务为公司贡献了52%的营业利润，其云业务的利润超过了公司其他部门的利润之和。[14]也就是说，亚马逊增长最快、利润最高的板块是提供网络服务器和电子信息平台的业务，而不是无人机运送尿布。亚马逊意识到数据存储和数据管理是数字经济至关重要的一环，因此抢得先机成了该领域的领头羊，在世界各地（通常是在偏远、寒冷的地方）建立大规模的服务器（因为服务器在运行过程中会产生大量热量，所以将它们放置在寒冷的气候条件中会降低成本）。亚马逊如此确定自己核心业务的背后逻辑，完全符合数据文化与数据管理领域体量和规模变化的运行规律。

新的价值形式恰是数据和大数据的区别所在。就像我们已了解的那样，新的价值形式可以是经济回报、洞见、更佳的服务、更高程度的个性化和更严密的监督等。以网飞的发展为例，它最初的核心业务是邮寄DVD（数字视频光盘）给用户。在这个过程中，它搜集到有关用户观影喜好的大量信息。这些信息可以细化到观影者何时暂停播放、回放、快进或者弃影。正是借助于当时从每天大约3 000万次"播放"过程中所搜集到的信息，网飞成功孵化了风靡全球的流量剧集《纸牌屋》。根据网飞的信息分析，这部剧获得成功的三大要素是导演戴维·芬彻、演员凯文·史派西和与之同名的英国政治戏剧《纸牌屋》。在某种意义上，网飞运用三角剖分算法分析数据来预测剧集内容未来可能的成功性，或者说至少降低它失败的风险。网飞的数据分析师对其订阅者的个人喜好了如指掌。不过，在以上的例子中，他们分析的并非某种具体的个人喜好，而是基于现实点播过程中集体无意识的偏好性选择。

大数据及其周边文化目前仍然处于起始阶段，其随后的发展一定伴随着更多的痛苦和曲折。譬如，作为一种最近兴起的健身风尚，很多人开始佩戴运动手环进行计步、测心率和保存其他的个人健康数据。很多运动手环的佩戴者同时也是跑步爱好者，他们经常选择使用手机应用程序Strava。Strava运用自己的网络服务为健身群体记录运动轨迹和汇总数据。人们使用Strava不仅可以保存跑步路线图，也可以保存与跑步相关的各项数据（诸如心率、路径、时间、海拔变化等）。在不同的使用者将自己的跑步地图发布到Strava之后，其他人就可以寻找并定位自己居住范围内的或者在国外旅行时所在区域的最新跑步路线。2017年，Strava决定公布其应用程序中被众多用户发布和使用的"热门路线"。通过将信息宝库进一步开放给用户和应用程序开发人员，Strava期望能够进一步激发产品和服务系统的创新。他们宣称："此次程序更新所包含的数据是之前的6倍。截至2017年9月，Strava数据中的活动总计达10亿。我们的全球热门路线图是同类中规模最庞大、最丰富、最漂亮的数据集会。它将使用Strava的全球运动达人网络变得一目了然。"但是，让它始料未及的是，向更广泛的社区开放数据会引发国家安全问题。追踪和汇总健康数据听上去是一个好主意。事实上，美国陆军为部分正在服役的男女士兵也配备了健身追踪设备，意图能够监测并最终改善整个军队的健康状况。于是，当 Strava 将其"所有"的用户数据公布在全球"热门路线"之中时，它便在无意中公开了美军成员的活动情况，泄露了敏感的甚至是秘密的美军军事基地的方位。[15] 更糟的是，人们通过 Strava 甚至有可能追踪到某个人具体的运动路线。虽然人们在苹果地图和谷歌地图一类的应用软件上可以找到一些美军军事基地的位置，但是绝非全部。例如，一个位于阿富汗的秘密基地在苹果地图和谷歌地图这一类商业卫星地图上并不可见，但是在 Strava 上可以被看得清清楚楚。由于士兵一般只能在军事基地内进行体育活动，因此当士兵沿着基地奔跑时，基地的边界便在手机上被成功显示为一条明亮的界线。鉴于这一次的信息漏洞，美军不得不再次考量其有关数据隐私及士兵使用带有追踪功能的应用程序、平板电脑、电脑和智能手机的规定。譬如，如果军方人员玩电子游戏《精灵宝可梦 Go》，使用 Foursquare 城市指南，或者是在智能电视机前进行包含敏感信息的交流（智能电视机会监视交流内容），那么美国军方敏感的地理位置数据就会被无意泄露。[16] 大概没有人会预见到，健身追踪设备与其他数百万具有数据追踪功能的电子设备一起会发生"相变"，成为一种间谍工具。

那么，是什么让大数据如此"庞大、丰富且漂亮"呢？人们对这个问题的回答多种多样。但是，无论哪一种定义都毫无例外地揭示了这一概念中令人意想不到的地方。对许多人来说，"大数据"一词的初次露面就是因为一个简单的线性规模问题。数据科学家开玩笑地说，所谓大数据就是指数据"大"到连专门用于数据表格处理的软件 Excel 都无法正常工作的地步。也就是说，关系数据库的规模以及对其进行汇总、存储和分析的需求远超 Excel 的电子表格所能承接的范围。2001 年，在该术语被广泛使用前，数据管理分析师道格·莱尼指出了数据融合汇集成为"大数据"时表现出的三大特点：海量、实时、多样。[17] 为了应对电子商务和数据存储的逐步增长，莱尼准确地分析了会导致数据爆炸的具体条件，即数据容量越来越大，增长速度越来越快，且数据来自并不共享通用格式或语义结构的数据库。后来，在莱尼提出的三大特点的基础上，市场情报公司国际数据集团于 2011 年增加了大数据的第四个特点：价值。"大数据技术是新一代的技术和体系结构，旨在对数目庞大且无比丰富的数据进行高速读取、发现和分析，以获取经济价值。"[18] 在这一新的定义中，"价值"成为从"庞大"中浮现出的神秘的特征补充……庞大也就意味着规模的"相位"变化。

当然，并非所有的数据科学家都同意对"大数据"的这一定义。2014 年，在全球大数据狂潮发展的鼎盛时期，美国加利福尼亚大学伯克利分校数据科学项目的社区关系负责人珍妮弗·达彻在网上发布了一份针对全球 40 位有影响力的数据科学家、管理者和作者的调查报告。她向他们提出的问题很简单，即如何定义"大数据"？她得到的答案五花八门，大家就如何定义"大"给出了万花筒一般的答案。

- 大数据是指不能轻松适应标准关系数据库的数据。（哈尔·瓦里安）

- 大数据专指那些体量大到传统的数据分析方法都无法进行分析的数据。这可能意味着你进行复杂分析的数据数量过于庞大，结果无法放入内存；也可能表示你正在处理的数据存储系统无法提供标准关系数据库的全部功能。关键就在于你的老办法不再有用，简单讲就是超出了规模范围。（约翰·迈尔斯·怀特）

- 今天，不仅仅是用于计算的设备才会产生数据。实际上，从车库门开启器到咖啡壶，可以说几乎所有的东西都在进行数据计算和交换。同时，我们这一代人总是希望能瞬间获得自己想要的信息，不论是某个远方城市的天气，还是哪个商店的电烤箱卖得便宜。所以大数据就是搜集、组织、存储原始数据并将它们转化为有用信息的过程。（普拉卡什·南杜里）

- 大数据不仅仅是体量大。它更是一种可以组合不同的数据集并立马进行实时分析从而为你提供深刻见解的东西。所以，大数据的准确定义应该是混合数据。（马克·冯·里吉门纳姆）

- 大数据是无限可能，也是我们从摇篮到坟墓都无从摆脱的枷锁。至于到底怎么样，完全取决于我们关乎政治的、道德的和法律的选择。（戴尔德丽·马利根）

- 大数据一开始只是分布式计算的一项技术创新，但现在它

已是一种文化运动。我们借由它继续探索人类如何在一个宏大的规模上与世界（与彼此）进行互动。（德鲁·康韦）
- 对我来说，大数据在技术层面的定义（比如"因为太大了，Excel无法处理"或者"太大了无法被存储"）的确重要，但不是重点。对我来说，大数据是一种在一定规模和范围内的数据，它正在从根本上（而不只是在边缘）改变个人或者机构面对复杂的问题可以寻找到的解决方案。它提供了不同的解决方案，"不仅仅是更多、更好"。（史蒂文·韦伯）[19]

史蒂文·韦伯所说的"不仅仅是更多、更好"，指的是相变。相变使量变成为质变。诸如水变成了水蒸气，数据变成了价值。显而易见，所有这些定义都指出，大数据之"大"绝非只是描述数量庞大。相反，对某些科学家而言，它是一种对"不同"的事物而非"更大"的事物的指标。如果说常规大小的数据提供的是已知信息，那么我们梦想着大数据能够像X射线一样扫描我们通过其他方式看不到的我们的决策、选择以及行为模式。大数据让我们自己看见自己的方式就像弗洛伊德提出的潜意识那样振聋发聩、石破天惊。潜意识的发现揭示了关于"我们是谁"的更深层次的真相，也将我们带入了现代的自我反思。元数据由此成为涉及存在及事物本质的形而上学。

大数据带来的新价值来源

大数据最诱人或最可怕的地方在于，一旦数据科学家找到了足以应对海量数据的强大的处理能力，大数据本身一定具备的、全新却又无从预知的某种东西就会显现。这些现代数据的挖掘者将从我们从未注意过的日常行为中提取出与黄金、铝土矿或钽类似的数字等价物。

从分析的角度看，数量可观到足以被称为"大"的数据意味着我们从数据中获取见解的方式发生了构造性的转变。近半个世纪以来，我们一直在生产和搜集数字数据。因此，数据搜集并不是一个新现象。在电子计算发展的早期，大部分数据都已被结构化，这就意味着数据已预先格式化，并按照一定的顺序组织为离散单位。数据分析者通过关键词搜索数据，并将之分类和过滤为有意义的子单元。电子表格和数据库就是计算世界中我们肉眼看不见的基础。它们形成了数据生产和使用的组织矩阵。例如，数据分析师可以有效地创建一个相对简单的查询，在没有丢失大量重要资料的前提下对数据进行整合、读取和分析。这一过程我们称之为信息的结构化。报税表就是结构化的数据信息。珠子商店的库存信息也一样,尽管数以百万计的珠子可能有上千个不同的种类。100家珠子加盟店的库存信息汇总起来的数据量不可谓不大,但它们依然属于结构化的数据。因此,与结构紧密相关的是数据池的组织方式而非其大小。尽管构成我们今天数位生活的大部分数据仍然是结构化的,但是相比非结构化数据的迁移规模,它们只能是小巫见大巫了。

非结构化数据是数据分析者心中的宝藏,因为它意味着有待开发的巨大资源。比如,一张数码照片是非结构化的数据,数字文档、推特、博客文章、音频文件和数字视频莫不如是。据估计,目前网上多达90%的内容都是非结构化的数据。这也是很多公司试图更有效地挖掘这一"宝藏"的原因。举例来说,公司希望,如果我们在某一社交媒体软件上传一张数码照片,那么这张照片将自动生成这家公司能从中获利、有一定数量的结构化数据,诸如上传照片的账户、发布的时间和日期、添加的标签、点赞的其他账户以及元数据。然而,大多数公司却无法自动识别图像本身的内容。照片的像素阵列可能有它的组织性,但是这些组织性信息并不能显示照片的具体内容究竟是一头大象、一颗洋葱还是一栋摩天大楼。

假设有一个十几岁的女孩和她的朋友一起在一家社交媒体网站上上传了一条如何玩转滑板的视频,并在发布时添加了"滑板"的标签。为了对她和她的行为习惯有所了解,拥有该站点服务器的社交媒体公司会通过登入上传的文件类型（比如通过识别文件命名协议，像是 .avi 或者 H.264）自动检测到她发布的视频文件。这家公司继而会将这些信息添加到有关"她"的数据库中（诸如姓名、电子邮件、"好友"的电子邮件、"好友"的数量等）。所有这些信息都是结构化的，但她发布的视频的内容是完全非结构化的。也就是说，内置于社交软件的分析引擎并不能识别它究竟是一条有关滑板的还是有关其他内容的视频文件，对具体的视频信息内容一无所知。实际上，这一条视频包含着数百万条信息：从她的衬衫颜色、拍摄当天的天气到现场其他人的名字，再到滑板玩家脚上的运动鞋品牌等。假如这家社交媒体公司想要从她以及其他人的滑板视频中获得一些真正有价值的信息，并将之出售给一家滑板公司，那么它就需要有人专门观看这些视频，从中识别并确定出现在视频中的运动鞋的款式或品牌。然后，他们需要录入这条滑板视频和发布到该站点的每一个滑板视频的相关数据。毫无疑问，以这样的方式挖掘非结构化的数据"宝藏"，费时费钱。况且，大多数公司根本无力承担为了能发现某种运动鞋的潮流趋势或是滑板玩家的购买习惯而使用人力进行搜索、汇总和分析数十亿条视频片段（其中大多与运动鞋无关）的费用。或许，这家社交媒体公司还想从网站视频中发现某些可以出售给猫粮公司的有价值的信息。如此一来，它也需要雇用专人查看数百万条"猫"的视频……以此类推。显然，这在经济上根本行不通。

尽管一家社交媒体公司可能无法从滑板视频中搜集太多信息，

但它的确还有其他资源可用。数据大多自带隐藏的伴随数据——元数据。一张用智能手机拍摄并上传至社交媒体网站的数码照片不仅包含图片的文件信息与上传的时间和地点，还极有可能包含图像文件的 exif 数据（诸如照片拍摄者使用的相机或智能手机型号、镜头的品牌、分辨率、相机设置等）和拍摄地点的地理标记信息（如果相机或智能手机有内置的全球定位系统，事实上，大多是有的）。如果我们的滑板玩家在上传的图片中还标记了其他人，那么这家社交媒体公司就可以知道她和谁在哪里聚会。当然，她和朋友的数据还可以被交叉汇总，一幅"众生相"即可瞬间诞生。对掌握她个人信息的社交媒体公司而言，从她上传的视频中得到的数据经历了一个从非结构化到结构化、从混乱到有序的变化过程。

正如国际数据集团在其 2011 年的报告题目中所描述的那样："大数据不是一种创建的内容，也不是一种数据使用，而是一种对所有关联数据的分析。"[20] 人们可以从这一描述中感受到大数据的影响。也就是说，数据不再被单独视之，而是有关数据的数据成了新价值的来源。

这也是很多人认为共享汽车公司优步是一家大数据公司而非一家汽车服务公司的原因。优步通过其在智能手机上的应用程序、数据库管理系统以及反馈结构生成了有关其客户、司机以及他们个人习惯的大量数据。优步可以将这些数据出售给那些意图了解人们的出行时间、目的地以及人们有可能需要的其他服务的公司或实体。譬如，一个交通管理小组肯定想要从一年当中每一天人们实时使用汽车的确切模式中获取重要信息。

从某种意义上来说，从结构化数据到非结构化数据的迁移就是从事实到意义的转变。在一条滑板视频上传之后，自动化的数据挖掘引擎会告诉我们当天室外温度约19℃，下着毛毛雨。然而，这些信息并不能传达出滑板玩家本身的勇气与投入。为此，我们需要另一个层面的数据处理。

光学字符识别、面部识别、机器学习、自然语言处理、计算机视觉、神经网络……所有这些都属于人工智能的分支领域。正是它们带领着我们无比接近自动化系统中前所未有的相变。例如，如果使用社交媒体软件的滑板玩家在上传照片的同时也启用了面部识别软件，那么她和朋友们的面部特征将会被记忆和识别。这就意味着只要她上传一张她和朋友们面部出镜的照片，不管她有没有添加标签、写上名字，社交媒体公司都可以在第一时间直接识别他们。另外，不论照片上的她是否戴着帽子或眼镜，有没有把头发扎起来，都不会影响该软件对她和她的朋友的有效识别。

以各种形式兴起和扩展的人工智能正是大数据崛起后的直接后果。一旦公司开始存储海量可用超级计算机进行处理的数据，人工智能便从一个小众的研究领域发展成为拥有海量数据的大公司（谷歌、微软、苹果、亚马逊和脸书）的未来主战场。但需要留意的是，它们和优步一样并非一家家的"数据"公司。换言之，数据搜集只是它们主要业务的副产品。然而，对数据的购买、出售、挖掘和分析现在是，未来更是它们自身商业模式的生命线。抛开灾变论者对眼中梦魇一般的电子人的担忧，当前和下一波技术革命浪潮一定涉及人工智能平台。从便捷的实时语言翻译到预测性管制的反乌托邦,人工智能将以它自身也无从预测的方式改变我们的生活。毫无疑问,我们使用的手机、电脑和各种应用程序会自动生成新的资源储备,而无论我们是否意识到,这些资源都会使他人从中获利。出租车司机将我们从一处送至另一处。看上去,优步的司机和出租车司机没有区别。然而事实上,优步真正获取的是有关我们的生活习惯、行为模式以及个人喜好的替代数据。这些数据恰是它保存在服务器上的巨大"宝藏"。随着海量数据集使机器学习的能力越来越强大,人类是否真的已经处于系统相变的边缘,处于从嵌套脚本相变为意识渗透的边缘?

无论是在蚂蚁或细菌生存的微观物理学中,还是数据变"大"的宏观物理学中,我们周遭的世界因其尺度与规模的不同而遵循着截然不同的物理规律。我们原本对于日常事物的认知被颠覆:结伴打车回家成了数据集,一段午后自带跑步路线图的锻炼却成了泄露秘密军事基地地理位置信息的出口,尺寸明显不同的数码图片看上去却毫无差别,一个细菌真的可以同时存在于两个位置。然而,或许最引人注目之处在于,这一切都源于硅……也就是智能。尺度与规模就是如此神奇。因和果之间似乎不再有必然的联系。

04
第四章
不易觉察的暴力

"死神"无人机

2013年,我走进纽约国际摄影中心的画廊,参观那里举办的三年一次的摄影展:"不同的秩序"。漫步走进一个回廊时,我看到了一张巨大的照片,画面拍摄的似乎是一片壮阔的、光芒四射的夕阳下的天空。各种色彩混合在一起,形成一种从铜橙色到粉蓝色的渐变。这张照片很大(约3英尺×6英尺),没有明显的主题。整张照片只有底,没有图。我站在它面前,看着这张泛着崇高的色彩和漫射光的照片。在这种光芒下沐浴了几分钟后,我向前迈了一步,细看这张照片的标题——《无题》("死神"无人机),特雷弗·帕格伦摄。(见图17)

我对这张光芒四射的照片的画面与具有其威胁性的标题之间的差距感到困惑不已,正准备离开时,我注意到馆内的其他游客离这张照片都非常近,他们的视线扫过照片,然后朝向一个特定的地方。我再次走近照片。就在那时,我发现了一小块视觉证据——一个影子,它填补了照片和它的标题之间的意义空白:一

图17　特雷弗·帕格伦,《无题》("死神"无人机), 2010 年
图片来源:The artist and Metro Pictures, New York.

个极小的斑点消失在画面上一片朦胧的色域中,它显然是个什么东西……非常有可能是一架无人机。

　　特雷弗·帕格伦的许多摄影作品在视觉上令人迷惑——这是他的刻意之举。作为一名训练有素的政治地理学家,帕格伦使用司法鉴定策略和纪实手段,将无形的监控网络、秘密行动以及其他形式的合法、准合法和非法政府活动以可见的方式呈现出来。他的照片填补了"官方"地图上的空白,捕捉到了"隐形"网站反射出的闪光,捕捉到了秘密国家网络、行动和行动者的痕迹。然而,帕格伦的工作都是基于细致的研究与世界各地无人机观察员和活动家的帮助,绝非普通的新闻记录。他的画面并没有以高度清晰的细节来揭示整个故事——尽管这是我们在一个无限可成像的世界中所期待的。相反，他的照片和工作场地把我们带入了一个视觉不确定的空间。

《无题》（"死神"无人机）的强大之处在于，它从感知和概念两种尺度同时发挥作用。在接受来自美国公民自由联盟的贾米勒·贾弗关于"监视美学"主题的采访时，帕格伦描述了尺度或规模在展示一个庞大的、无形的系统时所扮演的角色。

问：我们这里展示了一张犹他州数据中心的照片。据报道，犹他州数据中心被用来存储通过上游监控获得的通信数据。通过照片中展示的该数据中心的巨大体量，你可以对监控的规模有一个大致的了解。你是否有意通过这张照片来传达这样的信息：支撑所有这些监视所需的基础设施规模惊人？

答：我试图用几种方法来指出监视的规模。一方面，像犹他州数据中心这样的建筑如此庞大，容纳了如此多的信息，以至从它们的物理外观上就可以看出其支持项目的规模。另一方面，我非常喜欢的一个作品叫作《监控代号》，这是一个庞大的滚动列表，包含了美国国家安全局4 000多个项目的代号。从个人的角度来讲，我是故意采用了这种荒谬的手法。但总的来说，我认为我们可以通过它们一窥监控状态的规模。[1]

无人机可能只是地平线上的一个小点，但仍然是引人注目的。它是一个哨兵,也是一个大规模、总体战争状态的指标。在这种状态下,每个人都可能是可见的,并且很可能在某个地方处于某种监视器的监视之中。帕格伦把浩瀚和渺小放在同一个框架里,就像汤里的苍蝇、眼睛里的沙子、鞋子里的石子或工作中的扳手一样,打破了我们的幻想。在每一种表达方式中,某种微小的东西都会产生与其大小不相称的巨大影响。无人机在无垠天空中的微小与其无形的全能性形成反比。这是持续被监视状态下的情况。对那些生活在阿富汗、巴基斯坦和也门以及类似地区的人来说,他们每天都渴望越过头顶就能仰望天空,这种想法渗透到他们的身体和心灵。

帕格伦的相机几乎捕捉不到的那种全能无人机既渺无踪迹又无处不在。在我们头顶的天空中,尺度或规模与力量不再相关:力量越小、越不可见,其危险性越大。尺度或规模已经被颠覆。经典力学世界一直告诉我们,因果之间有一个可预测的、成比例的关系:一个小推力会产生一个小运动,一个大推力会产生一个更大的运动。但是经典力学的那些规则现在似乎已不再适用。也许我们应该把这种效应称为非比例性,类似于不对称性。无足轻重者却无所不能,渺无踪迹者却无处不在。威胁成为一种永恒的状态。

帕格伦的照片提醒我们,尺度或规模上的扰动正在重新校准我们的感知能力及我们对力、力量、大小和可见性的理解。大小可能不再重要……但尺度或规模的概念仍然有用。对我们每个人来说,在战斗和监视领域产生这些不成比例的关系比麻痹或沮丧的感觉更危险。我们以及代表我们的政府和非政府机构，正在通过标量不对称性来集体重塑战争和暴力模式。将近乎无限地增加数据的无形能力与几乎瞬间在地球上传递信息的纠缠网络结合起来，就产生了新的规模和权力关系。这些变化正在对真实的身体产生切实的影响，因为不可能一直感知到它们的存在，所以我们很有可能会对这种攻击视而不见。我们将密切关注三个事例，在这些例子中，尺度或规模的变化改变了战斗的概念，并重新校准了暴力形成的方式：持续不断的监视使我们能够随时回放和快进；"网络战争"不再以国家为基础，而是时刻在我们周围爆发；使用和滥用数据来创建预测性而非反应性的监管算法形式。

持续监控系统

特雷弗·帕格伦照片中那架几乎看不见的无人机所带来的"全面战争"同样可以通过一种新兴技术得到很好的说明,这种技术不仅可以给我们提供全面的可视化监控,还具有随时快进和回放的神奇功能。[2] 在小布什总统领导下的美国入侵伊拉克时期的最黑暗的日子里,各类简易爆炸装置一直困扰着美国的地面行动。罗斯·麦克纳特曾担任美国空军的工程师,后于2004年成为美国空军技术学院的一名教官,他邀请学生们一起为战争出一份力。在一个名为"天使之火"的项目中,麦克纳特和他的学生与军事开发人员一起创建了一个"宽视野持续监视空中搜集设备"。[3] 该设备由安装在军用飞机底盘上的高分辨率摄像机组成,飞机每6小时为一班在空中连续飞行,目标是每秒钟拍一张伊拉克费卢杰城的高分辨率照片。然后,他们将图像传送到一个控制中心,在那里,它们被拼接成整个城市景观的近实时记录,并被存档以供未来的情报搜集。如果一个简易爆炸装置爆炸了,分析人员就可以将图像记录倒回到爆炸发生时的那一精准时刻。此外，因为他们捕捉到了简易爆炸装置爆炸前后的每一秒钟，这些信息对他们来说触手可及，所以他们可以有效地及时回放，以便查看是否有某辆卡车或某群人在事发地有过某种可疑行为。随后他们还可以及时从发现可疑行为的地方快进，以掌握可能的肇事者在离开现场后的去向。而且，从理论上讲，他们甚至可以一直跟踪那个嫌疑人到现在。这一手段可以为地面部队或其他战术单位寻找肇事者提供高度可靠的情报——假设视觉证据够直接的话。

麦克纳特将三个关键技术向量（高分辨率数码相机、低成本和高容量信息存储、高速计算机处理器）结合到了一起，成立了一家名为"持续监控系统"的公司。从某种意义上说，这种监控方式的基础技术早已存在多年：几十年来，闭路电视摄像机已经覆盖了我们的城市和关键基础设施，空中侦察机也是如此。但和许多类似的现象一样，尺度或规模上的微小变化可能会急剧催生出惊人的新能力。速度、分辨率和存储量的提升，使军事人员可以连续6小时不间断飞行，在空中监视一座25平方英里的城市（如费卢杰）的每一寸土地。持续监控系统的技术看起来神乎其神，就在于分析师可以放大图像中的任何一点，并可以随时回放或快进。换句话说，它具有近乎全视觉和全知的能力。这里提供的信息不是绝对连续的（图像是以每秒1帧而不是30帧的速度记录的，这将产生连续动作的错觉），尽管如此，该技术仍然接近一个阈值，在该阈值下，地图就相当于领土，或者说监控记录即等同于现实。

墨西哥华雷斯市的谋杀率（每月300起）和绑架率（每周52

起）高得惊人，当地政府采用麦克纳特的系统来帮助控制暴力。通过使用相当于视觉时间旅行的方法，警方得以对白天在车里伏击并杀害一名女警官的黑帮成员实施抓捕。他们跟踪嫌疑人和其同伙的汽车来到最终目的地，并在那里实施了逮捕（同时也借机捣毁了整个贩毒集团）。麦克纳特认为，部署他的技术可以减少30%～40%的犯罪行为，从而挽回生命和金钱损失。[4] 有了海量数据传输速率和几乎无限的存储容量的支持，持续监控系统不仅加强了监控的流量，他们在时空穿越和近乎完美的全知领域也取得了质的飞跃。

那么，为什么美国现在已经不再从其公民的头顶上空实施监控了呢？正如你可能料想到的那样，并不是每个人都认可这种持续监控的价值。虽然它还没有做到完全覆盖（它看不到建筑内部；尽管一种夜视装备已经被开发出来，但夜间拍摄效果也不如白天），但公民显然还没有做好准备在每次公开露面的时候都让这种系统在其上空盘旋。值得称赞的是，麦克纳特和他的团队知道他们的系统所带来的明显影响，他们已经将美国公民自由联盟的建议纳入了它的参数：他们不会将图像分解到可以识别出人脸的程度，也不会将图像保留超过固定的时间（不过不敢确定美国军队在其他国家是否会像在国内一样尊重别人的隐私）。尽管如此，类似的技术像是有了生命一样，经常毫无察觉地悄悄潜入我们的生活。正如帕格伦的照片所证实的那样，这些监控技术的相对可见性或不可见性并不是重点。关键在于它们无处不在、无所不知，其穿越时空的能力甚至会让英国科幻小说家赫伯特·乔治·威尔斯都感到嫉妒。

DDoS 攻击

信息时代兴起以来，技术上的变革改写了战争规则。虽然国与国之间围绕实际领土发生的冲突持续存在，但不对称冲突越来越成为一种常态，战斗条件几乎每天都在发生变化。随着这些变化的出现，行动的规模也发生了变化，以至在社会边缘发动攻击的个体可以用这类方式制造出严重的破坏，这在 10 年或 20 年前是无法想象的。与枪支、炸弹、坦克和军队一样，网络间谍、网络恐怖和网络战如今都成了战争术语的一部分，它们导致不对称局面激增，以至战略专家们每天都要重塑冲突规则。

是什么在重塑因果关系的物理规律？几乎没有重量的信息流在整个全球网络中被放大，进而创造出一个具有自身物理规律和标量效应的平行世界。那些找到并掌握这些新规则方法的人将主导这个世界。鉴于我们已知的互联网基础架构是美国国防部高级研究计划局设计打造的，可以料想他们将会染指互联网世界的每一个角落。但是，正如我们看到的那样，在这种情况下，普遍性和规模无法确保其霸权地位。信息流有其自身的物理规律。谷歌也在促进全球信息流动方面发挥了重要作用。然而，更令人惊讶的是，随着经营范围和规模的扩大，这家靠搜索引擎起家的公司，摇身一变成了全球反暴乱活动的政治参与者。

各类信息网络依据其自身属性运行，这些属性以意想不到的方式产生新的行为。信息几乎没有重量，它几乎可以在没有任何成本的情况下被无限复制，它几乎可以瞬间被发送到世界上的任何地方，各种网络接入点急剧增加，并且它几乎留不下创造者的任何痕迹。换句话说，信息通过网络大幅扩展其规模。复制和粘贴代码行的基本功能从一开始就融入命令行文本编辑器，加上编写简单和可以自动复制的特点，从根本上导致了互联网的爆炸性增长，同时也形成了其核心漏洞。人类或机器可以轻而易举地完美复制一行代码、一个文件或一个程序，然后把它们发送出去——通常每秒数千次，这种行为重构了数字基础架构的影响范围。

DDoS（分布式拒绝服务攻击）[1]就是计算机代码的简单可扩展性带给我们的一个教训。DDoS攻击是一种非常流行、极易掌握而又成本低廉的破坏网络服务的方式。它为单个操作者提供了将其意图放大几个数量级的可能性，而能做到这一点部分得益于

---

[1] DDoS攻击指处于不同位置的多个攻击者同时向一个或数个目标发动攻击，或者一个攻击者控制了位于不同位置的多台机器并利用这些机器对受害者同时实施攻击。DDoS攻击是一种分布的、协同的大规模攻击方式，攻击时可以对源IP地址进行伪造，非常难以防范。——译者注

计算机代码的易复制性。DDoS 攻击如今已成为互联网生活中的一个简单事实。它们以惊人的速度出现，并且因操作相对简单，其使用频率在不断增加。DDoS 攻击可以在几秒钟、几天或几周内关闭个人、某个组织或任何类型公司的网站。

一个 DDoS 攻击的基本原理是：攻击者利用大量信息请求湮没目标网络服务器，从而致使该服务器无法履行保持网站正常运行的基本职责。这是一场规模层面的战争。其结果是，当发生 DDoS 攻击时，任何试图合法访问该网站的人都会发现该网站系统已经崩溃。用网络犯罪标准来衡量，DDoS 攻击并不是很复杂，但它仍然是一个成功的攻击案例。发动这种攻击需要花多少钱？一天的服务费为 30～70 美元，一周的服务费为 150 美元。僵尸网络是一种利用大量"僵尸"计算机发起有效攻击的隐秘手段，售价 700 美元。不过大多数僵尸网络并非来自销售市场，而是由黑客们自己亲手打造。[5]

因此，花费不到 1 000 美元，一个人在地下室里就可以招募一支无声的、几乎看不见的、由成千上万人组成的军队来发起为期一周的攻击。这一攻击可以严重破坏甚至关闭一家价值数十亿美元的跨国公司中最直接面向公众的部分——公司网站，从而使数十万（或者数百万）用户和消费者受到影响。这一幕一遍又一遍地上演。想象一下，同一个人，如果是在互联网出现之前，那么他凭什么引发这样的混乱？显然，参与的条件已经发生改变，标量不对称的程度更加严重。

2013 年，谷歌推出了它的数字攻击地图，这是一个可视化的控制面板，可以实时跟踪、聚合和可视化地描绘出DDoS攻击的流量。[6]根据谷歌网站公布的信息，网络安全公司Arbor Networks估算网上发起的DDoS攻击数量每天超过2 000次。为了勾勒出一个无形的、分散的攻击者大军的分布情况，数字攻击地图使用弧形的、跨越世界地图的彩色虚线来表示攻击的来源和目标（无论是国内还是国外）及其类型和数量。并在屏幕底部用直方图显示出不同时间段的数据，人们从中可以纵向浏览过去两年中攻击的峰值和平均值。这个直方图甚至可以像播放电影一样"播放"，从而观看随着时间的推移，攻击在地图上激增和消退的情况，就像一场随时可以前进或者后退的焰火表演。值得一提的是，由于该"表演"非常之壮观，我们看到的仅为排在前2%的DDoS攻击。每一天都会出现最新的无情袭击的记录。

网络安全公司Imperva Incapsula发布了一份题为《2015年第二季度全球DDoS挑战分布图：类似高级持续威胁的攻击》的数据分析报告。[7]其数据表明，DDoS攻击的规模呈持续上升趋势，在2015年第二季度达到每秒253GB的峰值。以下是他们的主要发现。

> 一方面，我们观察到此类攻击类似高级持续威胁，具有长期、复杂、多阶段等特点。它们采用不同的方法，一次攻击可以持续几天、几周甚至几个月。另一方面，我们也注意到，基本的单一媒介攻击持续的时间通常不超过30分钟。
> 在我们看来，此类攻击的这种双重性与两个主要的

DDoS 罪犯原型有关：第一个是专业的网络罪犯，第二个是僵尸网络雇用服务的用户，即所谓的"激励器"（booters）或"启动器"（stressers）。他们采用订阅模式，每月只需缴纳几十美元，就可以使任何人具有发起几次短期 DDoS 攻击的能力。

Imperva Incapsula 主要靠吓退潜在弱势公司来赚钱，因此其倾向于夸大数据，但同时确实也描绘出一幅生动的场景。然而，最引人注目的是这种策略的可及性和便利性——它就像《圣经》中大卫轻松击败并重创巨人歌利亚一样简单。

DDoS 攻击只是数字违法行为的一种形式。与诸如发布或出售被盗数据及勒索软件（冻结受害者的计算机，直到支付赎金才能解锁）等更具永久破坏性的策略不同，DDoS 攻击可以扰乱企业的日常运营，但很少造成持久的损害。网络攻击的形式可谓五花八门，这既取决于攻击者的独创性，也取决于攻击形式的可塑性。每天都会发生数以千计的网络攻击，而被网络效应放大的恶意软件让单独的运营商对数字世界产生了巨大的影响，尽管这些攻击的发起者通常与以往冲突中那些经验老到、流氓成性的行动者有着很大的不同。

要想更好地了解网络犯罪和一些帮助实施网络犯罪的罪犯的情况，我们只需要快速浏览一下主要新闻媒体的标题，这些标题可以揭示出这一新领域的大致情况。

- 15 岁少年因黑进 259 家公司被捕（ZDNet）[8]
- 少年因发动针对美国政府的网络攻击而被拘留（NBCnews.com）[9]
- 北爱尔兰少年因 TalkTalk 黑客案被捕（《纽约时报》）[10]
- 少年黑客：少年攻进中央情报局、美国空军、英国国家医疗服务系统、索尼公司、任天堂公司……和《太阳报》（《太阳报》）[11]
- 6 名被保释的青少年被指控使用黑客组织"蜥蜴小队"的工具进行网络攻击（《卫报》）[12]
- 少年讲述他是如何黑入中央情报局局长的电子邮件的（《连线》）[13]

就连十几岁的孩子都能够闯入美国中央情报局局长的所谓安全电子邮件账户，这毫无疑问地说明我们已经进入了一个标量不对称的新时代。上面所列的新闻标题仅仅是网上搜索的几个样本，但它们足以说明，如今的安全威胁不再像之前几个世纪那样单纯是国家对国家的形式，还有可能是几个十几岁的小孩（大多数是男孩）在他们的地下室使用普通的现成硬件进行攻击操作。虽然这些事件中有许多都是恶作剧失控带来的恶果，但在 21 世纪发生这样的事，相当于以前在郊区开着"偷来的"汽车兜风。尽管如此，这两者还是有着本质上的不同。在某种程度上，这是因为他们的所作所为带来的影响与每天发生的数以千计的类似袭击没有区别。当我们在网上工作、观看影视剧或者消磨时间时，它们是在网络上涌动的大量难以区分的攻击的一部分。然而，我们仍然幸福地沉浸在网络之中，对围绕在我们四周的犯罪活动毫无觉察，因为大多数此类犯罪活动悄无声息、无迹可寻，我们的感官根本无法察觉。发动汽车并开着出去兜风会在车内留下痕迹，被抛弃的汽车上留下的指纹也是一种痕迹，而从一个匿名代理服务器启动一个毫不知情的计算机用户的硬盘上的某个可执行文件则不会产生这样的担忧。

从三流黑客到国家资助的间谍，以及他们相对不为人知的行动，这些行动的标量不对称将我们置于一种几乎察觉不到的永久性的网络战新状态之中。数字攻击地图只不过是了解其活动范围的一种方式而已。各种跨境袭击——从美国到中国，从伊朗到美国，从叙利亚到以色列，从阿根廷到澳大利亚，从卢森堡到秘鲁，从土耳其到中国香港（不幸的是，整个非洲大陆几乎平静如水……这是他们战略和网络孤立的一个标志），描绘出一幅难以磨灭的"第三次世界大战"的画面。这场战争似乎一直在我们周围肆虐，但除了受害者和肇事者外，很少有人知道它的存在。

然而，这些事件发生的范围正在引发人们的警觉。《纽约时报》2015年的一篇文章指出："在过去的4年里，外国黑客窃取了美国石油管道、输水管道以及国家电网的源代码和工程图纸，并且150次渗透到能源部的网络中……根据戴尔安全公司的统计数据，针对工业控制系统的攻击次数从2013年1月的163 228起上升到2014年1月的675 186起，数量增加了数倍，其中大多数发生在美国、英国和芬兰。"[14] 值得停下来思考一下这个数字：675 186起袭击。一个月之内就发生这么多起。数量如此之大（实际上增加了三倍多），以至这一行为引发了深刻的本体论问题：这是另一种形式的战争吗？还是另一种形式的和平？一如往常还是一种新常态？毫无疑问，网络信息系统催生的规模变化带来了一种性质完全不同的新情况。间谍活动已经存在了几个世纪，但这种新情况与之并不相同。在传统战场上，只有拥有强大军队的大国之间在相互对抗。网络袭击则发生在一个看起来与传统战场大不相同的竞技场上。正如美国国家安全局前局长迈克尔·V. 海登所言："尽管人们都在谈论可能会发生网络版珍珠港事件，但我并不真的担心像中国这样的国家竞争对手会对网络基础设施造成灾难性的破坏……发动网络版珍珠港袭击的只会是那些一无所有的反叛的二线国家。"[15] 海登没有指出的一点是，在许多此类袭击事件中，罪魁祸首不是民族国家，而是那些几乎没有或根本没有国家背景的草根群体。他们的角色和意图各不相同，从互联网黑客和恐怖分子到准军事组织和有组织犯罪集团成员，什么人都有。在 2001 年兰德公司的一份题为《恐怖、犯罪和战斗的未来》的报告中，约翰·阿尔奎拉和戴维·伦菲尔德创造了"网络战争"这个术语来描述这种新型的、不对称的、分布式的、非国家的结构。

"网络战争"一词指的是社会层面上一种新兴的冲突（和犯罪）模式，而非传统意义上的军事战争。在网络战争中，战斗主角使用网络形式的组织以及与信息时代相适应的相关理论、战略和科技。这些主角可能由分散的组织、小规模团体和个人组成,他们通过互联网沟通、协调和开展活动,通常没有明确的统一指挥……

网络战争的参与者还包括新一代改革者、激进分子和活动家。这些人正在着手创造信息时代的意识形态,在这种意识形态中,身份和忠诚可能从单一的民族国家转移到跨国层面的"全球公民社会"。诸如无政府主义和虚无主义的计算机黑客"电子人"联盟,都可能会参与网络战争。

许多(如果不是大多数的话)网络战争的参与者都会是无政府甚至无国籍的人。有些人可能是国家的代理人,但其他人可能试图将国家变成他们的代理人。[16]

事实上,从这些概述中,他们捕捉到了一种新的有组织性的反逻辑。这种反逻辑是流动的、分散的、高度可重构的——就像一种稳定固体已经相变成黏性液体。不管是好是坏,熟悉的传统民族国家冲突已经变异成一种变幻莫测的无领导形式。这种形式逃脱了我们的掌控,并且可以重新配置成无穷无尽的组合形式。

重新赋予数据以生命

  毫不奇怪，我们为数据那造成真正伤害的力量感到困惑。但是，正如我们在第二章中看到的，将经验量化为数据的行为体现了其自身的暴力形式。艺术家基思·奥巴代克和门迪·奥巴代克引领我们徜徉在数据和经验之间，他们用沉默的数字魅力吸引我们，然后又打破了定量那超酷的轮廓。他们于2015年在纽约的瑞恩·李画廊首次现场表演作品《数字站》（又名《鬼祟动作》）。这部作品警告我们，当生活事件沦为各种数字时，会引发混乱的转变。[17] 表演过程中，这对夫妇坐在两张拼在一起的桌子对面。他们每个人都戴着一副耳机，在25分钟的时间里，对着麦克风交替背诵一连串短数字，他们的声音同时在画廊和短波电台播放："048，276，049，394，050，366，052，308，060，425，061，203，062，100，063，357……"[18]

  他们带着喘息的声音，模仿数字电台的形式，几乎是单调而又机械地来回背诵这些数字（伴随着音调怪异的背景音乐）。对不知情的人来说，数字电台是一种常规短波广播，其历史可追溯到第一次世界大战时期。它的特色就是播放一系列数字列表，内容神秘而晦涩，这些数字列表被认为是政府与战地特工之间的加密通信。有一个活跃的短波无线电爱好者亚文化圈，专门跟踪和记录这些神秘的广播。然而，相比之下，奥巴代克夫妇朗读的是警方日志中记录的匿名案件编号，这些案件记录的是那些被纽约市有争议的拦截搜身警务战略网抓获的人的事件。这种治安管理方法（从2002年一直持续到2016年，直到被法官希拉·沙因德林的一项裁决驳回）针对"各种偷偷摸摸的活动"，目的是在更严重的犯罪行为发生之前先发制人。然而事实上，在那几年里，它在减少犯罪方面产生的影响微乎其微，但对目标社区的影响是不可估量的。位于纽约的美国公民自由联盟分析了这些数据，发现在2011年发生的685 724起拦截搜查事件中，其拦截对象有53%是非洲裔美国人，34%是西班牙裔美国人，51%是14～21岁的人，88%被拦截的人最终没有被抓捕。在该方法实施的15年中，超过500万无辜的纽约人被拦截和搜身，其中绝大多数是有色人种的年轻人。

  奥巴代克夫妇这种令人昏昏欲睡的表演所要表现的，是被系统性的种族主义和暴力粉碎的人们的正常生活。他们单调、做作的表达方式将我们的注意力引向令人憎恶的简化数据。活生生的人沦为了三位数的案件编号。500万人的生活被一项许多人忽视的政策改变了。我们倾向于认为数据是无辜的，它像水、煤或铀一样，只是存在于以太某处的微小事实。但是在从经验到信息的相位变化中，我们极易忽略加速这种转变的暴力。奥巴代克夫妇对统计数据进行了逆向转变，将破碎的生命肌理重新注入每一个微小的数字编号中，让每个数字都有了生命。

05

第五章
给无形赋予形式

令人麻木的数字

事实证明，billion① 这个词的意思并非在全世界任何地方都表示"十亿"。并且，就在刚刚过去不久的 20 世纪 70 年代，像美国和英国这样在历史、传统和贸易等方面的联系都非常紧密的国家，对 billion 一词的理解也有着根本的不同。[1] 也许这也证明了 billion 一词所表示的规模之大，尽管人们对这个数字究竟有多大有着截然不同的看法，但似乎还是避免了重大的国际冲突。有人可能会说，这个数字太大了，除了数学运算外，我们很少用到它。事实上，直到不久前，人们仍然在用 billion 来描述现实世界中可能遇到或计算的几乎所有事情。直到经济规模逐步膨胀，以至人们不得不在实际应用中使用 trillion（万亿）这个词。

直到 1974 年，英国人都还在使用长级差制，这意味着 billion 相当于"万亿"（即 100 万个百万）。任何一位美国读者

---

① 以前 billion 在英国英语中表示"万亿"，在美国英语中表示"十亿"，现已统一为"十亿"。——译者注

看到这里都会认为这是不正确的,并且会感到非常惊讶。[2] 美国使用的是短级差制,认为 billion 就是指"十亿"(1 000 个百万),而 trillion(万亿)就是 1 000 个十亿,以此类推。因此,短级差制中的 billion 是长级差制中的 billion 的千分之一(见图 18)。而短级差制中的 trillion 是长级差制中的 trillion(相当于短级差制中百万的三次方)的百万分之一。如果我们把目光延伸到这两个国家之外,就会发现无论是在使用的编号系统还是语言翻译方面,事情都变得更加复杂。澳大利亚、巴西、中国香港、肯尼亚、美国都使用短级差制,阿根廷、德国、伊朗、委内瑞拉和塞内加尔则使用长级差制,甚至还有一些国家(加拿大、南非和波多黎各)两者都使用。[3] 印度的数字系统对数字有不同的划分方法,数字的后三位数用逗号分开,然后每隔两个数用逗号分隔一

		短级差制	长级差制
10^0	1	one	one
10^1	10	ten	ten
10^2	100	hundred	hundred
10^3	1 000	thousand	thousand
10^6	1 000 000	million	million
10^9	1 000 000 000	billion	thousand million
10^{12}	1 000 000 000 000	trillion	billion
10^{15}	1 000 000 000 000 000	quadrillion	thousand billion
10^{18}	1 000 000 000 000 000 000	quintillion	trillion

图 18 长级差制和短级差制对比图

次。比如说，在印度（或吠陀）系统中，阿拉伯数字 100 000 被写成 1 00 000。同样，在吠陀系统中，阿拉伯数字 123 456 789 被写成 12 34 56 789。用一种截然不同的、更倾向于语言学层面的方式来比较这两个系统，我们会发现在吠陀系统中，数字的有效分组不是 1 000、100 万和 10 亿，而是 10 万和 1 000 万。[4] 在中国等国家，我们也发现了这种全球差异。例如，在中国，根据语境的不同，人们最多可使用三种不同的数字系统。

英国广播公司《新闻杂志》最近发表的一篇文章提出一个问题："trillion 是 billion 的新说法吗？"在 2011 年英国的主流报纸上，仍然需要澄清 trillion 的含义，以便避免一个简单的语义错误导致 1 000 倍的误判，这充分证明了误解的普遍存在。[5] 此类错误理解是如此普遍，以至《新闻杂志》专门在一个侧栏里发布了一个简短的说明，试图向英国读者们解释 billion 和 trillion 在现代社会的确切含义。尽管"万亿"的概念越来越频繁地出现在我们的日常词汇中，但实际上我们很少在现实生活中用到它。生活在 20 世纪的那几代人极少会遇到"万亿"这个词。就像如今我们所说的"百万的四次方"，扪心自问：你最后一次使用"百万的四次方"这个数是什么时候？答案可能是，从来就没有用过。

尽管大多数青少年都能够掌握数学概念（因为他们在数学课上要学习科学计算法），但像"十亿"或"万亿"这样的数量词理解起来还是有一定的难度。正如"物理常数"的计量发展逐渐使测量与我们可以持有或触摸的东西脱钩一样，数以十亿计和数

给无形赋予形式

以万亿计的数字往往也难以被人类感知和体验。一个人数到 100 万需要大约 12 天，数到 10 亿需要大约 32 年，而数到 1 万亿则需要 31 000 多年——大致相当于人类文明存在的时间，也就是说人是无法做到这一点的。这些大得不可思议的数字有用，但不管怎样，它们并不十分重要。[6] 它们从我们的日常感知中消失，意味着对我们大多数人来说，它们存在于一个虚幻的领域里，在一个"无穷再无穷"的范围内。[7] 我们借由隐喻、类比和想象，明确了那些越来越频繁地出现在我们日常生活中的数字的具体范围和规模。

有一句经常被引用的话，很多人都说是苏联领导人斯大林说的（尽管从未得到证实）："一个人的死亡是一场悲剧，数百万人的死亡是一个统计数字。"为什么在面对一个人的苦难时，我们会如此有同情心，而当面对几十万或几百万人的死亡时，却会如此冷酷无情？为什么愤怒和同情不呈线性增加？为什么当数字上升时，情感能量反而会下降？巨大的数字有一种令人麻木的特性。[8] 在情感上，我们被传达个体痛苦的故事和图片吸引，然而当这个数字超过 3 时，我们似乎就对其无动于衷了。在某种程度上，我们无法将人类生命大量丧失的情况准确地展现出来，这改变了我们处理此类事情的能力。由于我们从情感上拒绝与这类大量的人口丧失产生瓜葛，因此必须时刻提醒自己要"永远铭记"各种人口大屠杀事件。

在日常生活中，我们该如何正确看待当前涌现在我们面前的一波又一波抽象的、非物质的信息：数万亿美元的军事预算、

2018年美国发生的340起大规模枪击事件，或者2016年用于总统和国会竞选的超过65亿美元的费用。[9]关键是要制定策略，将我们的身体和感官与这些抽象体验重新联系起来，帮助我们更好地适应非常小和非常大的事物……同时在这个过程中让我们不会对它们感到麻木。当今世界，人们已经对世界的尺度或规模变得麻木，下面的4个项目则使用了与以往不同的方式，对这种趋势进行了创造性回应：它们试图将我们与各类感官线索重新相连，从而将我们的理解能力与我们的大量问题联系起来。它们使用诸如转化和物质化等手段，将人类及其感官存在带回到不可思议的空间。虽然这几个案例大都来自艺术领域，但这并不意味着它们与我们的日常语境毫无关联。我们可以从这些更引人入胜且又极端的策略中吸取经验，从而设想出新的方法来使不可思议的情境更有可能成为现实。

例如，在名为"信息是美丽的"的网站上，设计师戴维·麦坎德利斯利用信息设计技术来解决各种当代政治、社会和科学问题。[10]麦坎德利斯为媒体上冒出的大量数字所困惑，他于2009年制作了一个奇妙的可视化工具（2013年又进行了升级改进），他称之为"十亿美元图"（见图19）。这张简单的图是由各个矩形拼凑而成的，将含有数十亿美元数字的项目列入其中，帮助我们弄清不同社会事业和社会项目的相对成本。

设计师的精明表现在图中各个矩形的摆放十分微妙（以下金额单位均以十亿美元计）。

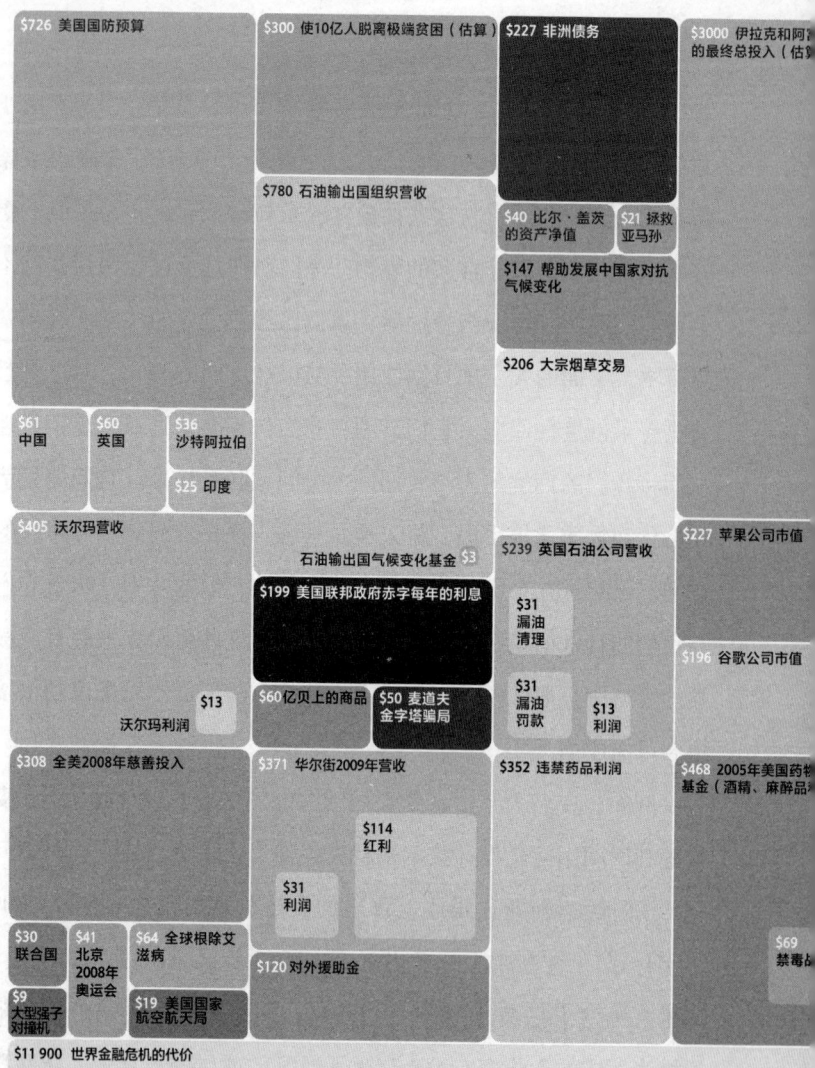

图19 戴维·麦坎德利斯,《十亿美元图》
图片来源：David McCandless@informationisbeautiful.net.
注：图中数据单位均为十亿美元。

- 全球根除艾滋病的成本（64）旁边就是2009年的华尔街收入（371）。
- 石油输出国组织的营收（780），使得让10亿人脱贫的预估成本（300）相形见绌。
- 全球医药市场（825）超过了美国医疗保险和医疗补助费用的总和（742）。
- 全球色情产业（40）市场规模远超抗抑郁药物（19）和勃起功能障碍（6）市场的总和。

然而，最引人注目的是这个拼贴图最下方那个巨大的矩形。这个大矩形似乎笼罩在巨大的市场和成本之上，它代表金融危机的全球成本（119 000亿美元）。我们可能无法从现象学的角度完全理解119 000亿美元这个数额到底有多大，但我们可以很容易地从视觉角度衡量出，与帮助发展中国家应对气候变化的1 470亿美元相比，这个数字是多么荒谬。这明显是对我们全球优先事项的一个可悲的讽刺。

可以说，通过将同类事物并列到一起，并将它们汇编成一个单一的框架，麦坎德利斯的拼贴将广阔的背景转化为人类的尺度或规模，使得数字能够被我们理解。麦坎德利斯所用的策略取得了与众不同的效果，其原因就在于转化形式。他通过创造出诸如"斗争"、"给予"、"非法所得"和"损失"等分类将数字人性化，并把它们放入一个模拟我们人类消费和储蓄方式的框架中，使我们在自己的行动中充分了解那些抽象的事物。这怎么能和日常情况联系起来呢？

购房活动常以买家突然抛出一个巨大的数字而结束，就好像他们不在乎这个数字后面有几个0。购房款的数额如此之大，以至人们开始思考这样一个问题："那么，总体来看，85 000美元和95 000美元有什么区别？"刚开始你会觉得这就跟85美元和95美元的区别差不多。但是，如果把这10 000美元的差异转化为可选择的、有意义的单位（社区大学的课程、学生贷款豁免、国际旅行、拜访朋友或几周的生活用品），那么这些数字就会变成我们日常体验中可以理解的东西了。然后你就可以做出决定，是否真的值得为了这栋更漂亮的新房子而放弃社区大学4个学期的学习，或者5次在隆冬时节去热带地区的旅行。随着数字在规模上的不断攀升，它们仿佛在经历从真实（或物质）到抽象的相变，我们的任务就是把它们变回我们日常体验可以理解的单位。从克里斯·乔丹的作品《运转数字》里，我们可以以一种惊人的形式看到这种转变过程。在这部作品中，他将全球气候变化的不可预测性重新设定为我们可以理解的东西——准确地说，就是一个塑料瓶（见图20、图21）。

图20 克里斯·乔丹,《塑料瓶》,2007年,源自《运转数字——一个美国人的自画像》（2006年至今）。该作品由200万个塑料瓶构成，描述的是全美国（2007年）每5分钟产生的饮料瓶的数量

图21 克里斯·乔丹的作品《塑料瓶》(2007年)的细节

奇妙的糖宝贝

如果 100 万人的死亡是一个统计数字，那么我们有没有什么办法更全面地弄清美国 400 年的奴隶制和不平等历史的发展演变与持久影响？[11] 卡拉·沃克塑造了一个 35 英尺高、75 英尺长、浑身散发着气味的女性狮身人面像。它威严地蹲在一个废弃的糖厂里，那昏暗的灯光下，糖蜜从四周的墙上滴下，若干个硕大的糖果婴儿（由液体糖模塑制成）站在这个高贵而肮脏的狮身人面像的四周。2014 年，这个似乎全部由精糖建造而成的庞然大物在纽约布鲁克林东河岸边那个废弃的、散发着腐臭气味的多米诺糖厂落成。沃克给这个作品取的名字像它的身体一样规模庞大而又吸人眼球，它的完整名字是《糖雕，或是奇妙的糖宝贝》，在多米诺糖厂即将拆除之际，向把糖蜜从甘蔗田搬到新世界家庭厨房里的那些辛苦而又没有获得报酬的工匠致敬（见图 22）。这个作品的不可思议之处在于其将感官沉浸和概念悖论同等程度地掺杂在一起。

图22　卡拉·沃克,《糖雕,或是奇妙的糖宝贝》,2014年。在多米诺糖厂即将拆除之际,向把糖蜜从甘蔗田搬到新世界家庭厨房里的那些辛苦而又没有获得报酬的工匠致敬。由泡沫塑料和糖制成,整体尺寸大约为35.5英尺×26英尺×75.5英尺(10.8米×7.9米×23米)。地点:纽约布鲁克林多米诺糖厂,2014年。杰森·威奇摄,©Kara Walker
图片来源:Sikkema Jenkins & Co. New York.

这个甜蜜的、闪烁着光芒的巨像仿佛从一堆白糖中冒出来一样,它体现的是我们纪念性的文化理想。甜和苦,棕色(糖蜜)和白色(精糖),种族刻板印象和高贵造型,微妙和炫耀,肉欲和母性,驯化和超越,一个微型作品蕴藏着巨大的内涵——这是一个拒绝陷入单一叙事的作品。沃克运用了一种前现代糖果制品("糖雕",在中世纪贵族的饮食中很常见),并将其放大到巨大的规模。当然,糖的甜蜜之中隐藏着一个苦难的秘密,因为它是一个建立在西印度群岛那些"累断了腰"的奴隶身上的产业。它现在同样也成了毒害我们的东西——现在糖的价格便宜且产量多,导致了肥胖的流行,而贫穷的有色人种社区面临的肥胖问题尤其严重。通过将微不足道、再普通不过的糖转化为对种族、种族主义和帝国建设的深刻反思，沃克激发我们重新审视我们奇迹般的帝国建设过程中的那些恐怖之处。奴隶贸易一直贯穿在从甘蔗红糖到我们桌上的白糖转变的过程中，这期间有数百万奴隶丧失性命，"奇妙的糖宝贝"在尺度或规模上给我们带来的实体世界的迷失与这数百万丧生的人有很大的关联。苦涩的血与甜蜜的糖混杂在一起……如同厌恶中带着敬畏。400年的不平等不过是一个统计数字，通过它的规模和感官存在，"奇妙的糖宝贝"让我们在当下再次感受到这400年间发生的那些故事。

通过用糖雕的形式把悲剧表现出来，沃克把一个统计学意义上的历史事实呈现在我们的感官面前。她在物质化的过程中，避开了令人眩晕的抽象和非物质性。她通过特定场所的气味、洞穴般仓库里那昏暗的光线和体型巨大的糖雕造型实现了这一点。我们因它的厚重而矮小，因自身的弱小而谦卑。

如果说测量和非物质性使理解力逐渐偏离人类的物质感知，沃克的作品就为我们指出了另一条前进的道路：我们必须使统计和抽象成为我们的生活与物质体验的一部分。通过我们建立的系统和反复灌输的习惯，我们以令人惊讶的方式成功地让各种全球性问题"消失了"。我们感觉不到夏季气温的上升，因为装有供暖和制冷系统的建筑使我们的感官几乎感觉不到气候的变化。但是，在夏季，如果我们让建筑物里的温度随着全球变暖而逐渐上升，那么我们可能会以微妙的感官方式被提醒：我们的行为正在对全球气候产生整体影响。这个策略实际上是日本政府在2005年提出的：夏天的时候，将空调的恒温器从25℃调到28℃，并鼓励男性放弃传统的西装和领带，改穿短袖衬衫。如今，日本的政府大楼都会在中午的时候将灯光调暗一个小时，借此来提醒人们要时刻记得应对全球环境变化。[12] 这一策略的目的是给员工提供感官线索，指引人们注意应对几乎不易察觉的向灾难性未来的转移。

如果想帮助我们的民选代表理解国防部预算增加与联邦政府教育投资削减之间的关系，那么也许我们应该找一个令人窒息的闷热天气，邀请这些政治家到一所资金不足的公立学校里工作一天。这些缺少空调的学校（及其对学生学习和生产能力产生的直接影响）可能会突然让增加到1万亿美元的美国国防预算变得更加扎眼。参观一家服务器农场或亚马逊零售配送中心也可以帮我们认识到，没有大量工业时代原材料的支撑，所谓的互联网时代的"无重量"和"无摩擦"经济就无法生存。即使是垃圾场工人的意外罢工导致的垃圾清理中断也能帮助我们正确看待我们的过度消费。这些罢工揭示了我们的废弃物积累是多么可怕，并迫使我们直面这样一个问题：连续若干天使用一次性用品对我们来说意味着什么。我们必须重新考虑"消灭"垃圾并将其在眼不见、心不烦的地方处理掉所需的成本。如果这种状态持续一两个月，那么这也许会更有效地在感官方面提醒我们尽量减少废物产出。

上述每一个策略都使抽象的尺度或规模变得显而易见——尽管其中一些方法可能让人感到不太舒服。但是，面对气候变化、系统性不平等或系统崩溃，我们为什么不会感到不安呢？也许我们需要去真切地感受它们，而不仅仅是去推理它们。我们的生活经验正在抽象和非物质化为一连串 1 和 0，我们该用什么样的方法来对冲这种现象？亨德里克·赫茨伯格出版了一本印有 100 万个点的书（全书共 200 页，每页 5 000 个点，见图 23）。为什么要出这样一本书？他想帮助我们体验"100 万个——某种东西"。[13] 将 100 万个某种东西具体化，置于我们的手掌之中，可以帮助我们努力把握尺度或规模严肃的紧迫性。

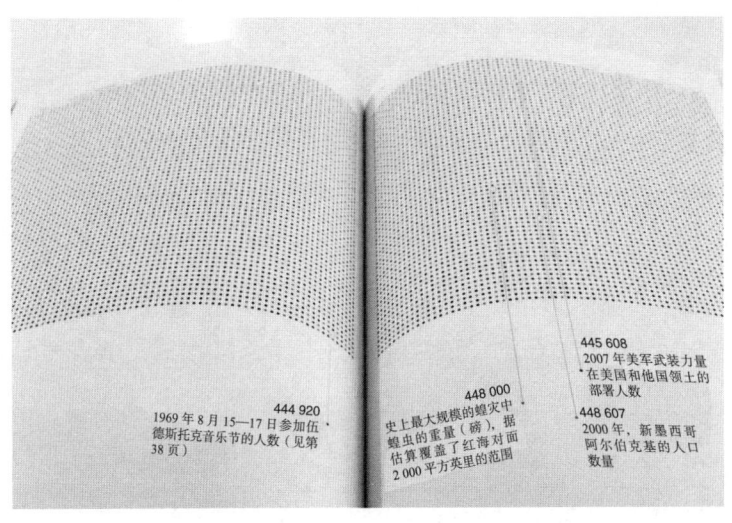

图 23　亨德里克·赫茨伯格的作品《100 万》内页

对我们的生活经历有真正影响的事物的尺度或规模（军事预算、空气中的污染物、学生集体债务、种族大屠杀中的死亡人数、我们城市中的谋杀事件、全球气温上升、首席执行官的工资）似乎经常会超出我们的理解能力。它们的集体蒸发给我们留下一片几乎无法看透的迷雾。我们迷失了方向，摸索着去寻找从我们指

给无形赋予形式　　　　　　　　　　　　　　　　　　　　　125

间滑过的那些概念，在这个过程中，我们都陷入了寻找更深层次的真理的迷雾中，同时为无法抓住任何坚实的东西而心神不宁。我们需要应对策略（转化和物质化算是其中的两个），把这些数字从定量抽象的概念转化成我们人类的感官能理解的东西。故事和图片可以成为从规模不可思议的神秘化返回现实的桥梁。

06
第六章
标量框架

10 的次方

　　这张照片的官方名字叫作《AS17-148-22727》，对一张具有革命性意义的照片来说，这个名字显得单调乏味（见图 24）。1972 年 12 月 7 日，执行阿波罗 17 号任务的机组人员拍下了这张标志性的照片，[1] 从那之后，它就深深地印在了公众的脑海之中。这张俗称《蓝色星球》的照片的最亮眼之处在于画面清晰、构图简洁：扁球形状的地球被缩小成一个平坦的、近乎完美的圆形，并与黑色的底（或虚空）隔离开来。泡沫状的白云下显露出红润的大陆，照片中地球的下方露出南极极地冰帽。刚一发表，这张照片就立即被用于各种环保运动的海报和报道中。毫无疑问，人们都被这张把美丽和脆弱完美结合到一起的照片感动了。

　　从视觉的角度来看，曾经作为照片底图的地球表面，在快门的点击下，摇身一变，成了一个可测量的图形（在宇宙的衬托之下）。几个世纪以来，我们一直以为人类生活在一个圆形的星球上。但在这张照片中，我们从一个惊人的"上帝视角"审视自身以及人类的物理界限。通过这张照片,我们的世界(甚至可以说我们的一切)变得可以认知,可以观察。底变成了图,无限变成了有限。可以说,虽然我们将整个世界缩小到手掌之中,但在认知领域,我们并没有让自己变得像神一样全知全能,对比之下,我们的认知反而显得更加有限。

图24 《AS17-148-22727》(又名《蓝色星球》),美国国家航空航天局1972年拍摄

这种从地球到宇宙的视觉系统的外推和转换也出现在同一时代的另一部标志性的视觉作品——《10的次方》中。根据不同的年龄和背景,你很有可能在中学的科学课或数学课上遇到过这部20世纪设计界的杰出作品,无论你认为它是一项伟大的设计,还是仅仅认为它的出现不过是正常课堂教学中的一个小插曲。就

像迪士尼电影《唐老鸭漫游数学奇境》中的唐老鸭一样，20世纪下半叶，设计师查尔斯·埃姆斯和雷·埃姆斯合作的一部时长9分钟的电影成为美国公立学校课程的必学内容：这部与教学内容无关的彩色影片时长较短，画面令人眼花缭乱，可以说是在教科书练习、测验和没完没了的家庭作业的单调乏味中给学生们的短暂休息。

查尔斯·埃姆斯和雷·埃姆斯夫妇设计过大多数人在构思设计产品时都会想到的东西：椅子、桌子、房子、海报、玩具、书籍等。但是，除了他们在作品中体现出的才华外，让他们与众不同的还有他们视野的独创性。他们那些兼收并蓄的作品——除产品展示外，还包括电影、新闻报告、各类展览和现场体验，在20世纪40年代开始流行，并持续到20世纪70年代后期。埃姆斯夫妇的作品不仅艺术形式完美，他们还利用自己多样的天赋来催化与众不同的思考和观察。他们创作的数十部电影，在敏锐的观察、采用的模式、故事结构和日常审美方面都算得上值得学习的主题课程。

他们拍摄于1952年的《柏油路》是一部长约11分钟的冥想作品，画面内容仅仅是流过学校操场上柏油路面的肥皂水。这部影片以巴赫的《哥德堡变奏曲》为背景音乐，其迷人的节奏和对肥皂水流的不间断的拍摄迫使观众去寻找其中的节奏、模式、运动、流动，以及最终很容易被忽视的内在的美。他们于1957年拍摄了电影《献给玩具火车的托卡塔曲》，音乐由好莱坞传奇作曲家埃尔默·伯恩斯坦创作，故事描述的是一个由玩具和玩具火车组成的微型世界中的日常生活，创造了一个以人造的缩小景观为背景的繁华乡村生活的传奇。拍摄过程中，摄影机镜头的高度与铁轨的高度齐平，使用浅景深，这样可以使观众沉浸在玩具本身所处的场景之中。查尔斯·埃姆斯用两分钟的时间介绍了真材实料的重要性，玩具的极端重要性，以及比例模型和玩具火车之间的内在差异。影片总长度为13分钟，其余的11分钟则是描述火车以及它们构建的那个奇幻的世界，除了伯恩斯坦那轻快的伴奏音乐外，再无其他。他们的许多电影都具有观察敏锐、专注于某个片段的特点，这开阔了我们的视野，启发我们去思考那些被忽视、被低估或具有神秘特质的平凡事物。《10的次方》（1977年）也许是他们最具标志意义的电影，这部影片带我们进行了一次眼花缭乱的视觉之旅，通过这个过程建立了一个从尺度或规模的角度进行思考的开创性框架。

电影本身就像是一节毫不费力的常规的练习课。它在空间和时间上令人惊奇的跳跃和无缝衔接，很容易让我们忽略隐藏在表面之下的深意。《10的次方》的副标题为《一部关于宇宙中事物相对大小……以及再加一个零的影响的电影》，IBM原创。它本身受到了凯斯·伯克1957年出版的一本书的启发，该书的书名为《宇宙视角——40次跳跃看宇宙》。[2] 伴随着一段配乐（也是由埃尔默·伯恩斯坦创作的），屏幕上出现了一个简短的标题，电影中的解说员菲利普·莫里森向我们简要介绍了这部电影的框架基础（见图25）。"10月的某一天，我们以芝加哥湖边的一次野餐开启了一个慵懒的下午。首先映入眼帘的画面，是从一米之外的地方观看一个一米宽的场景。现在每隔 10 秒钟，我们就会从 10 倍远的距离之外观看这个地方，我们的视野也会随之加宽至原来的 10 倍。"电影的开头，一对夫妇慵懒地躺在草地上的毯子上。随着电影的旁白，镜头转到了这对夫妇正上方的天空中——屏幕展现出鸟瞰的画面（或可以说是俯视图）。随着摄像机的镜头在天空加速上升，一个简单的图形框架内的画面解释了尺度或规模的变化。一个边长 10 米的白色正方形像一道栅栏一样把草地上的野餐者框在中间，给我们提供了第一个参照标准。

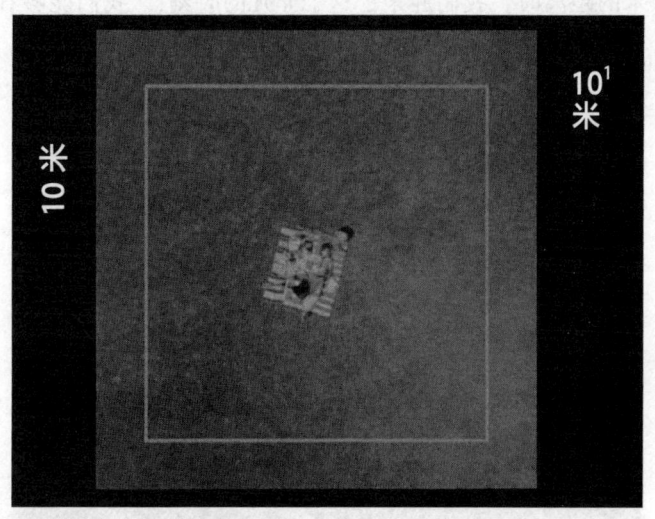

图 25　埃姆斯夫妇制作的电影《10 的次方》(1977 年) 中的画面，©1977, 2020 Eames office, LLC (eamesoffice.com)

这部电影从一个边长 10 米的立方体开始，巧妙地构建了一个三维空间单位，这将形成我们整个观看的基础。在 10^1 米的距离，主题不言而喻：在一个阳光明媚的日子里，一对夫妇懒

标量框架

洋洋地躺在野餐毯子上。最初，这对躺在毯子上的夫妇的形象填满了白色的框架，但随着摄像机镜头向天空上升，他们的相对尺寸慢慢缩小了。"我们的镜头继续对准野餐者，即使他们已经消失在我们的视野中……现在镜头中显示的是100米宽的场景，"莫里森继续说，"这是一个人10秒钟能跑的距离。"摄像机继续拉长镜头。"这个广场有1 000米宽……现在我们看到了湖岸边的大城市。"镜头继续像施了魔法般地向上飘动，仿佛被外星飞船拖着。它快速拉开与野餐者之间的距离，当我们到达10^7米的距离时，我们迎来了这个非凡的时刻："我们能够看到整个地球。"（见图26）

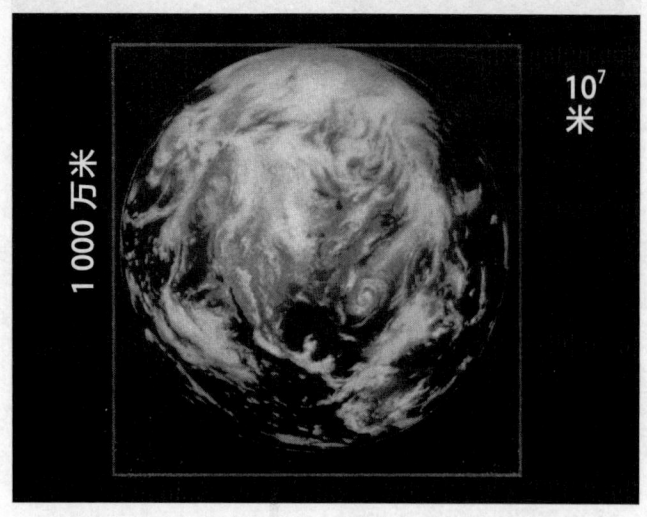

图26　埃姆斯夫妇制作的电影《10的次方》（1977年）中的画面，
©1977, 2020 Eames office, LLC (eamesoffice.com)

语速超快的旁白和飞速上升的镜头在距离达到10^{24}米时到

达了顶点，此时此刻，与浩瀚的宇宙相比，我们已经变成了一个微不足道的小斑点。

这时，摄像机又迅速放大到这对夫妇身上，在2秒钟（而不是10秒钟）内反转所有10的次方，然后瞬间停留在依然斜躺在野餐毯子上休息的夫妇身上。从那里，摄像机又开始了它的另一个特技：从这位男子放在肚子上的手开始，以10的次方在微观层面不断放大。它奇迹般地钻入皮肤更深处，然后从那里到达细胞、分子甚至原子水平，在10^{-16}（或者0.000 001 埃[①]）到达终点。随着电影画面从10^{-14}下滑到10^{-16}，解说者承认，此时已经达到了人类认知的极限。"当画面抵达质子层面时，我们已经到达了人类当前知识的边缘。这是一些处于强相互作用的夸克[②]吗？"

《10的次方》这部短片不仅是一个概念上的奇迹，更是一部令人惊艳的技术动画作品。1977年，埃姆斯夫妇在设计过程中不可能具有使用计算机来生成特效的现代魔法。毫无疑问，埃姆斯夫妇充分利用不同的学科背景知识创作了这部电影，它有力地重塑了我们对数字的理解，同时打通了宇宙中最遥远的地平线和构成我们已知世界的无形力量之间的关联。埃姆斯夫妇在剧本和拍摄工作上的合作者菲利普·莫里森和菲莉丝·莫里森为该项目贡献了他们自己独特的学科天赋：菲利普·莫里森是麻省理工学

[①] 埃，长度的非法定计量单位，"一埃"为一亿分之一厘米，常用于表示光波的波长及其他微小长度。——译者注

[②] 夸克是一种参与强相互作用的基本粒子，也是构成物质的基本单元。——译者注

院的物理学和天文学教授，菲莉丝·莫里森的工作是为儿童与学校老师讲授科学和艺术知识。

从那对夫妇到芝加哥市，到整个地球，再到夸克和我们知识的极限，埃姆斯夫妇制作的《10的次方》带我们踏上了一段不断持续有力地刷新我们三观的旅程。对那些从未有机会观看《10的次方》的人来说，得益于数字导航应用程序的普及，他们可以在日常生活中体验到同样的效果。谷歌地图成立于2005年，它把与动态变焦相机相同的视觉构造添加到地图应用程序之中，这种相机可以连续拍摄面积不同的区域。放大和缩小空间地图或卫星图像的能力现在已经成了我们的第二天性，但在《10的次方》中，它的清晰度变得更强。从芝加哥湖滨公园里的这对夫妇休闲的田园生活，到我们所在的这颗耀眼的星球在宇宙中的快速消失，在埃姆斯夫妇创造的看起来令人舒适的白色框架中，我们的视觉转换快捷而又自如。

从这对夫妇到整个城市，再到行星乃至宇宙，每一次连续的向外或向内的缩放都会重新构建视图，给我们提供新的信息、新的视野和新的思考语境。镜头停留在10^1，画面中突出的是处于休息状态中的那对夫妇之间的动态关系；镜头上升到10^3的位置，我们看到的是整个芝加哥市，在这里，类似于这对正在野餐的夫妇之流的中产阶级的生活方式，与仍然困扰着这个城市的围绕种族、不平等和公平正义等的紧张关系之间形成鲜明对比；镜头上升到10^7的位置，我们开始反思地球及其环境的不稳定性；镜头到达10^{24}的位置时，我们的脑海里涌现出更多的存在主义问题，因为我们变成了一个不可测量的小点，它微不足道的大小与我们在宇宙中的角色成正比……以此类推，回到亚原子水平也是同样的道理。随着每一次尺度或规模的变化，我们遇到的问题、挑战、机遇和语境也有所改变。影片中的框架将内容和语境置于动态张力之中。它掩盖了原有的各种担忧，与此同时又暴露出并聚焦于其他的问题。

10 的次方标量框架

我们从埃姆斯夫妇的《10 的次方》中学到的，有哪些可能会有助于我们更好地理解和应对当今的尺度或规模、复杂性和系统变化？我相信我们可以缓慢地重新定位它的焦点，并利用 10 的次方的滑动变化把问题分割，逐项解决，从而最终得以阐明解决这种复杂性的策略——或者至少可以更有效地参与其中。为了做到这一点，我们将使用一种流动变化的概念框架（我称之为"标量框架"）来挑战各种假设，并在杠杆点可能不明显的问题空间中定位杠杆点。埃姆斯夫妇创建的 10 的次方框架可以清晰地映射到社会单位上，尽管这些功能更多的是作为类比，而不是硬性分类：例如，将 10^1 视为个人，10^2 视为家庭，10^3 视为邻域，10^4 视为社区，10^5 视为城市，10^6 视为地区，10^7 视为国家的一部分，10^8 视为国家，10^9 视为大陆，10^{10} 视为行星，这样类比可能更有帮助。[3] 最后要说的一点是，这些框架只是为了方便而任意搭建的架构，人们可以通过多种方式来重新理解它们，以更有效地适应这种情况。例如，在以地理学意义上的场所为中心来构建框架时，就忽略了这样一个事实：我们如今都是在与地理位置无关的社区内互动——我们的许多朋友和合作者现在都在网上办公，地理位置分布在全球各地。因此，这些框架可能更多地服务于概念性目的，因为它们可能会涵盖用户、对话、线索、聊天室、平台和网络等。还需注意的一点是，这是一个以人类为中心的概念框架的实现①，因为它优先考虑人类及其集体，而不是非人类（如微生物、昆虫）。如果我们把注意力集中在细胞、微生物、有机体、岩石、植物、爬行动物、生物群落、生态系统、生物区、行星或大气的水平上，那么变动的标量框架会是什么样子？例如，探索人口密集地区的垃圾处理问题，应该考虑到苍蝇、啮齿动物、浣熊、鹿和熊等现在与我们自身垃圾处理习惯密切相关的动物。有人也可能会说，我们面对的许多气候挑战恰恰是由于我们忽视这些非人类存在而造成的。[4] 标量框架可以给我们提供一种灵活的方法，通过复杂的分层来鉴定被忽视的机会、有利害关系的人、制约因素、合作者和新的认识。但是，如果我们不加批判地采用它，它就可能会带来偏见，致使我们的视野变得狭窄。

关于标量框架的效能，先看一个能说明其适应性的例子也许能有所帮助。例如，如果我们想在类似纽约这样的城市更轻松地骑自行车出行，那么我们将如何以及从哪里开始着手？骑自行车

---

① 实现（implementation），计算机科学用语，是指将某种原理性的东西转化为可执行的程序代码的过程，同一种原理可以使用多种不同的语言来实现，即使是使用同一种语言，也可能有不同的实现方式。——译者注

为城市交通提供了一种健康、安全、高效和可持续的方式。它可以从多个方面对我们的城市环境产生间接的、积极的影响，比如公共卫生、空气质量和噪声治理等。然而，由于种种原因，美国城市的自行车骑行率低于世界其他地区，特别是亚洲和北欧的部分地区。像纽约这样的城市还存在额外的麻烦，因为出租车和公交车一向横行霸道——更不用说冬季的恶劣天气。根据世界观察研究所的说法，"各国之间骑自行车出行的比例差异很大。尽管消费者越来越喜欢开私家车出行，但中国的一些城市仍是世界上骑车率较高的城市。在自行车最多的几个城市，如天津、西安和石家庄，骑自行车占了所有出行方式的一半以上。在西方，荷兰、丹麦和德国骑自行车的比例最高，占所有出行方式的10%~27%。相比之下，在英国、美国和澳大利亚，这一比例约为1%"[5]。纽约市早已拥有世界一流的地铁系统和其他形式的公共交通工具，每天可为数百万乘客提供服务。尽管最近纽约市的自行车基础设施有所改善，但由于汽车塞满了大街小巷，胆小的人不适合骑自行车上下班。

如果我们的目标是提高纽约市的自行车骑行率，那么我们该如何使用标量框架方法来决定用哪种新手段解决这个问题？为了更具体一点儿，我们将从设计师的角度来介绍骑自行车的场景，尽管人们可以从任何以问题为中心的角度（如工程、政策、商业、医学、社会工作等）来处理这个问题。毫无疑问的是，从标量框架的角度来分析，我们要从个人层面开始。

10^1

借用《10 的次方》中使用的框架策略，让我们考虑一下设计师如何在 10^1（个人层面）提高自行车骑行率（见图 27）。[6] 在很多人眼里，自行车本身既是一种累赘，也不方便使用。它们沉重、笨拙，难以携带，自行车框架和乱七八糟的组件（如它们目前的装配状态）使它们很难被带上楼，容易被偷，这对发展大众交通来说也是一个挑战。如果设计者可以重新思考自行车本身的架构，把它们变得更容易折叠或使其结构更加紧凑、重量更轻，拥有防盗功能，骑起来更舒服，那么可能就会有更多的人选择人力交通工具而不是化石燃料驱动的交通工具。虽然在过去的几十年里，自行车的样式和技术都有了显著的进步，但仍没有足够的创新技术转化到通勤自行车身上，未能从根本上改变人们对自行车通勤的印象。轻便、可折叠的踏板车偶尔会进入自行车市

图 27　10^1 标量框架

场，但它们在公共街道上出现的数量仍然有限。同样，小型可折叠自行车也越来越受欢迎，但它们并没有对整体的人力通勤模式产生实质性的影响。因此，在 10^1 层面，我们可能会认为这不过是一个产品设计问题：如果设计师能够创造出更适合通勤的自行车，我们很可能就会看到更多的人自愿放弃开私家车和乘坐公交车，转而骑自行车。

$$10^2$$

如果我们把 10^1 的画面拉远到 10^2，拉到建筑物、人行道和街道的层面，骑自行车的动力和抑制因素就会很明显地展现出来。像纽约这样的城市根本不是为了大量拥有或骑乘自行车而建造的（见图 28）。相对于美国人的标准来看，美国人住的公寓都相对较小，住户常将它们隔开，或者几人合住。尽管越来越多的大楼正在增加更多的入住床位，并在地下室提供更多的自行车停车

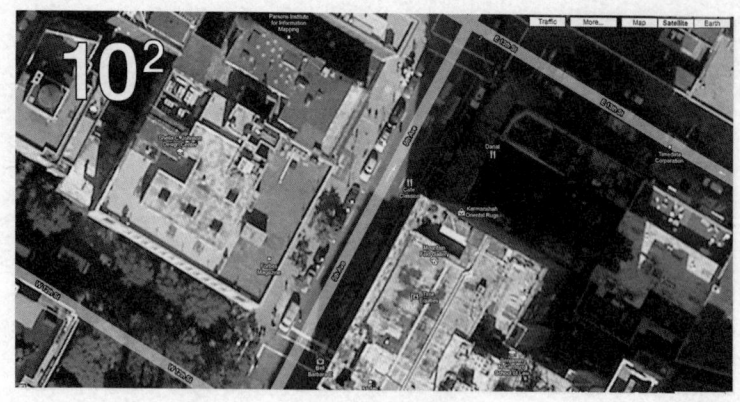

图 28　10^2 标量框架

位，但停车位依然非常紧缺。人行道本身不适合大规模停放自行车。该市第一个自行车共享系统"花旗单车"要求占用路边停车空间，并开发高科技围栏，以便在市区内容纳一定数量的自行车。那么，在 10^2 层面，我们面对的问题从产品设计变成了建筑设计问题：我们该如何改造这个城市，以便在改造完毕后能够容纳更多的自行车通勤者和他们的自行车？

$$10^3$$

在 10^3 层面，建筑和人行道不再凸显，进入我们视野的是纽约市那著名的街道及其构成的网络（见图29）。对城市中任何骑自行车的人来说，汽车（轿车或公交车）仍然是纽约大街上的王者，自行车充其量是万不得已的情况下的一种选择，或者是在最坏的情况下，被人视为一种"讨厌的东西"。市里的街道都是为了最大限度地增加汽车流量而设计的，直到最近，该市才考虑到自行车骑行者的需求，在汽车车道旁开辟了自行车道。许多城市现在甚至将汽车停车位从人行道上移开，创建一条缓冲自行车道，这种配置现在在纽约市很普遍。纽约的街道设计首先考虑的是四轮交通工具，其次才考虑行人。市区的街道非常宽敞，在这个人口最稠密的城市，在一路绿灯的情况下，胆子大的出租车司机可以在两边都是人行道的大街上轻松开到每小时40～50英里或更快的速度。由于目前在城市及其人行道上出现了众多人力和其他动力的交通方式，如直排轮滑、滑板、马车、摩托车、踏板摩托车、三轮车、悬浮滑板、独轮车，以及纽约人试图加快上班速度的任何其他创造性的交通方式,这种自由的交通方式变得更加复杂。因此,在 10^3 层面,我们面对的不再是产品设计或建筑设计问题,而是关于城市设计的挑战:我们该如何重新构想城市街道景观,以更好地适应人力交通工具,以及我们如何在实现这些改变的同时,不让车辆交通中断,不让交通条件恶化?

图 29　10^3 标量框架

$$10^4$$

再把镜头拉长 10^1,曼哈顿的大部分地区便会映入我们的眼帘,这促使我们考虑如何依照该区的规模创造更多的自行车骑行机会。2013 年,纽约市推出了花旗单车,这是花旗集团首次涉足自行车共享服务。欧洲和美国的部分城市试验的自行车共享系统已经大获成功,骑车人可以通过该系统设在一个街区内的共享自行车车队选一辆自行车,骑到该系统在其目的地附近的一个停车点,然后把车停放在那里。然而,该系统无法自动调配自行车。

通常情况下,开着大型卡车的市政工人会在晚上将自行车在各个停车点之间重新分配,这样就不会出现某些停车点一辆车都没有,而其他停车点却车满为患的情况。这项服务必须易操作、抗破坏、适应天气变化、维修费用低、价格诱人,对偶尔使用的人和日常通勤者都有吸引力,使用安全,有充足的停车点,并且可以用多种语言进行访问(以使其对外国游客有吸引力)。在 10^4 层面,我们面临的问题已经转移到服务设计层面的挑战,即各种自行车共享服务系统已经不同程度地遇到了关于骑行流量和经济回报的问题:我们如何创建资源共享系统,以满足不同人群的需求,并使其具有价格实惠、维护成本低廉、使用便捷简单的特点?

$$10^5$$

纽约市不仅仅是一个城市,还是一个延伸到周边新泽西州和康涅狄格州的大都会区。这里为日常通勤者服务的整个交通运输体系功能失调、杂乱无章,各种交通运输机构(纽约大都会运输署、纽新航港局过哈得孙河捷运、长岛铁路、大都会北方铁路、新泽西捷运和美国国家铁路客运公司)之间的合作并不十分默契。在 10^5 层面,郊区自行车通勤者需要市政和州当局提供的区域性交通服务实现无缝对接:一个人可能要从新泽西郊区的住处骑自行车到纽新航港局过哈得孙河捷运站,从这里乘车到宾夕法尼亚车站,然后使用另一种不同的刷卡系统——乘地铁到布鲁克林,最后一英里,再骑自行车到达办公室。一路上,他必须遵循不同的规则、规定。在 10^5 层面,我们看到这变成了一个系统设计问

标量框架

题。尽管这样出行非常复杂，但许多人仍然选择这么做，或是为了降低他们的日常通勤成本，或是为了最小化给环境带来的影响，或者只是简单地为了减轻大桥上或隧道里的交通压力。这里的规则、规定和交通设备可能允许也可能不允许通勤者携带自行车。目前的局势是各交通运输机构依然各自为政，这不仅需要有足够宏观的视角来看待更顺利地整合这些系统所带来的好处，还需要有足够的政治力量来实现这些变革。什么样的实体能把这些支离破碎的系统结合起来，它们将为谁的利益服务？我们该如何为大都会区交通当局的自行车通勤设计激励措施，在提高公共便利性、健康安全出行的同时，减少因管理机构过度分散而带来的复杂性？

$$10^6$$

在 10^6 层面，纽约市变成了东海岸地图上的一个小点，华盛顿特区现在也进入我们的视野范围。在这个几乎能看到美国全境的尺度或规模上，我们可能会问这样一个问题：联邦政府会推出什么样的政策以支持全美各地的市内自行车交通？或者我们可以结合历史，提出一个更显而易见的问题：为什么联邦政府不惜损害大多数其他交通方式——铁路、公共汽车和自行车等的利益，给予私家车交通如此大的补贴？许多人认为，在 20 世纪，"美国生活方式"之所以在全球兴起，很大程度上是因为道路系统对我们的居住模式、财产所有权、消费和整体生活方式产生了变革性影响。州际公路系统令许多国家羡慕不已（特别是考虑到这个国家巨大的地理面积），也是20世纪工程的奇迹。公共资金建设的公路基础设施推动通用汽车公司在20世纪中期成为全球最大的公司，福特和克莱斯勒两家公司则紧随其后。但这"三巨头"的崛起也意味着它们通过密集的游说对公共政策施加了巨大的影响。这在一定程度上解释了美国国家铁路客运公司为什么一直寂寂无闻，苟延残喘。与其他现代化国家相比，美国城市中的公共汽车、电车和其他交通系统的资金严重不足。对自用汽车的热爱就像棒球、"苹果"品牌和馅饼一样，已经成为美国人的文化基因的一部分。这意味着，从这个角度来看，优先考虑非机动交通与自行车出行的具有前瞻性的城市规划，在某种程度上已经变成了一个潜在的政策设计问题：我们该如何引导公共财政支出和特殊利益集团的财务支出从私家车向人力驱动的交通方式转变？

$$10^7$$

在10^7层面，镜头已经拉到这样一个点：在当前的情况下，我们必须考虑是否应该把所有解决城市自行车骑行问题的方法放在全球背景下来考量。例如，如果所有人都要买一辆自行车，那么生产自行车所需的资源、制造和生产的全球链条会是怎样的？维持这种生产水平需要哪些金属和材料？这个行业对环境会有什么影响？矿山工人和工厂工人的工作条件会是怎样的？如何分配自行车大规模生产带来的财富？我们是在何种政治体制之下运输这些材料和货物的？我们该如何将自行车生产在当地资源和环境中重新定位，以使自行车制造业的发展不会导致其他地方的环境和政治退化？

　　面对在跨越不同尺度或规模时遇到的各类问题，人们很容易变得麻木。与此同时，每一个局部挑战都被卷入了一个复杂的影响网络中。如此一来，即便是解决小范围的局部问题也会受到更大范围内的条件约束，这种情况着实令人头疼。采用标量框架的做法有可能将一些小问题变成全球性的棘手问题。但采用标量框架的做法，其意义并不是说任何有意影响当地状况的人都不得不面对全球动态环境中的所有动力因素。标量框架的优势在于，随着系统规模的扩大或缩小，总会出现新的机会。就像水在沸点变成水蒸气，或者一只普通的毛毛虫变成一只充满活力、五彩斑斓的蝴蝶一样，当系统规模随着镜头的放大或缩小而发生变化时，我们遇到的各类问题也会发生相变——在这一过程中新的机遇也会显现。

　　因此，从标量框架的各个变化中，我们可以总结出四点经验。

　　1. 每一个局部问题有可能同时也是全球性问题。今天，大部分局部问题都以某种方式与全球力量直接联系起来，全球力量反过来又对局部环境施加新的压力。但就此认为所有问题都具有全球性也是愚蠢的。从地方政治到污染、暴力、金融、区划、教育和基础设施，各种体系都植根于地方土壤之中，但它们顶端的枝叶往往被全球范围内的各种系统和政治缠住。有时候即便问题没有发展到全球规模，它们仍具有国家或地区根源。我们的底线是，不能只看到眼前显露出来的最明显的问题。相反，根据尺度或规模变化重新构建问题则是发现新支点的好机会，而这个新支点在单一尺度或规模上是看不到的。

2. 在能够最大限度地发挥自身能力的规模上采取行动。 对一个无法接触自行车社区其他利益相关者的自行车制造商来说，干预该系统的最佳方式很可能是重新设计自行车。相比而言，这种做法产生的影响也许更加有限。尽管如此，它可能会促使事情朝着正确的方向发展，并催生其他变化。但对在周末跟当地政界的朋友一起骑车出行的自行车爱好者来说，跟政界的朋友一起讨论政策问题也许会是一条更具战略意义的有效途径。作为政治拥护者的自行车骑手，也许能从专业的视角来审视当地的政治问题，而很少有政界人士具备这样的眼光。这种世界观的碰撞可以激发灵感，打开对话空间，照亮新的方向。

3. 在一个完全不同的尺度或规模上重构问题可以提高洞察力。 我们都饱受系统设计师所说的有限理性之苦。我们不可能对一个系统之内的所有部分都有同样的认知，也不可能知晓这个系统的所有参与者的动机和行为。因此，我们对全局的认识总是局部的、有限的。我们基于这些局部的、有限的信息采取理性行动，但这种理性被我们甚至不知道我们不知道的事情损害。通过转换视角和规模（比如转换到公共汽车司机、交通工程师或市议员的视角和规模），我们不仅对他们的经历产生了更多的同情，还为自己看待问题打开了新视角。德内拉·梅多斯指出："要想改变，首先要摆脱那些在系统任何一个层面都能看到的有限信息，并形成一个总体印象。从更宽广的视角来看，我们可以把信息流、目标、激励机制和抑制因素等重新组合，以使那些独立的、有限的、理性的行为能够产生每个人都希望看到的结果。"[7] 但更有效的方法是，让自己置身其中，并从这个角度去理解各种行为背后的大小环境，进而产生从其他角度无从获得的新见解和新想法。这当然比一次又一次地撞南墙要好。

4. **每一个新的尺度或规模下都会有新的潜在的合作者。** 在不同尺度或规模下重新思考问题的简单行为会带来新的参与者和利益相关者，他们可能成为这个过程中不可或缺的合作伙伴。自行车设计师可能永远也不会想到与公交车司机合作，但公交车司机（他也可能在周末骑自行车）可能会对能见度、道路共享、交通工程和"自行车+公交车"式通勤有深刻的见解，而这些可能是自行车骑行者永远也不能了解的。或者与一家正在推广自行车共享服务的机构合作，可能会鼓励自行车设计师去思考其他国家的先例，从而找到可能尚未被发现的文化替代方案。思维跨越不同的尺度或规模，与新的利益相关者沟通，不但可以产生共鸣，找到替代策略，更有希望找到解决老问题的新方法。

标量框架本身并非什么解决问题的具体方案，而是在解决某种创新性问题陷入僵局时提供新思路和新合作者的一种方法。构建标量框架的过程迫使我们在概念上跨越更广的范围，同时发现我们之前可能没有注意到的新的可能性。它迫使我们设身处地地（通过他人的视角）去思考问题。通过发现新的利益相关者和战略合作者，我们可以对问题有更好的认识。

标量框架的应用

同情、慷慨或利他主义的行为可以改变人们的生活。然而，尽管它们会产生真正的积极情绪，但不一定会将系统推向正确的方向。在生态环保意识驱动下的时尚零售领域，利用回收的塑料瓶来制造人造羊毛是少有的成功案例之一。但随后我们发现，这些超细纤维正在给我们带来一个全新的、令人困惑的挑战。因为人造羊毛被纺得很细，在洗涤时，羊毛纤维就会透过水处理过滤器进入下水道，从而带来全新的、非同寻常的环境灾难——我们才刚刚开始了解其影响范围。似乎每一件好事都会带来惩罚性的后果。对个体而言，每个人在做出哪怕是微小的决定时都会遇到各种不确定性。面对这种不确定性带来的混乱，人们可能会感到不知所措。比如，到两小时路程之外的另一个城市去，开汽车比坐火车更环保吗？（此处我们不讨论互联网上那些质疑此类研究的观点本身是否可信——规模视角下的另一个特点。）谁会先花两小时的时间把这个问题研究一番，然后再做出决定呢？

此外，在我们的日常生活中，很少有人有能力从多个支点进行思考并采取行动。用纸袋还是塑料袋？开汽车还是坐火车？买高价有机蔬菜还是价格较低的农产品？找工作还是贷款上大学？面对一系列错综复杂、相互冲突的路径选择，大多数此类日常决策让我们感到孤立无援、无所适从。然而，可以说，为了彻底弄清个人行为和决定带来的后果，我们有可能会将标量框架颠倒过来。我们将此视为一种规模伦理，在这种伦理中，我们使用规模作为决策框架来应对不同程度的确定性、风险和影响。当我们在复杂的系统中采取行动时，我们的知识总是不够全面。但是如果我们从规模的角度来思考，获得的认识就可以有效地指导我们的行为。

在面对较小的决策时，我们可以使用标量框架的相关单位（个体、家庭、社区、城市等）来思考各种选项并评估其影响和风险。在每一个规模层面，最难处理的问题是确定性和风险冲击之间的平衡被打破。从另一个角度来看，为了确定我们的行为在哪个规模层面与我们的道德观和政治价值观最匹配，我们可以画出一些同心圆。每一个更大的规模层面（每一个外圈的同心圆）意味着我们行为的影响范围会更大，同时产生各种负面外部效应的风险也会相应增加。

为了阐明这个道理，我们可以假想一个住在新泽西州纽瓦克的32岁的店主。她的生意经营得非常好，但她看到苦苦挣扎的公立学校系统不仅对她小店的生意产生了影响，也对奋力想让自己的孩子摆脱贫困循环的顾客产生了影响。她自己没有孩子，很容易将问题归咎于别人,但该市市政缺陷所带来的显著影响困扰着她。她想参与进来,但鉴于马克·扎克伯格的巨额资金都没有起到作用,那么她还能做什么?

- 10^1——**个人**。有证据表明,系统性的解决方案在这个问题上可能无效,所以她决定限制自己的影响程度,但同时要确保自己能产生一定的影响。因此,她决定在当地公立学校做志愿者,辅导那些处于风险之中的孩子。她可以先从一个学生开始,她采取的行动与对那个孩子的影响之间有直接关联——她可以看到他的信心和能力有所增长。这可能不会解决什么大问题,但毫无疑问的是她正在产生积极的影响。

- 10^2——**家庭**。虽然她知道辅导可以产生积极的影响,但同时她也认识到,如果没有强有力的家庭支持,那么孩子在学校可能无法茁壮成长,这对经济拮据的家庭来说或许是一个挑战。于是她决定充当一个"大姐姐"的角色,指导一个三年级学生,并为这个家庭介绍了另一个负责任的成年人,帮助引导这个学生走向成功。

- 10^3——**街区**。虽然她对这个孩子及其家庭产生了有益的影响,但她想知道她能做些什么来影响更多的学生,于是她主动到她所在街区的中学做志愿者。帮助构思和绘制一幅操场壁画,清洁教室窗户,保持地面清洁,偶尔做一个教室志愿者,这些都有助于创造一个更好的学习环境,并可能有助于学生们产生更好的上学体验。她的行为肯定会影响整个中学生群体，但这真的会产生可衡量的影响吗？在 10^3 层面下，她的确影响了更多的学生，但这真的会让他们比以往更成功吗？

- 10^4——**社区**。她开始参加全市范围内的学校董事会和学区会议。在熟悉了当地中学的情况后，她现在可以去宣传它的需求，但她也逐渐认识到该校的需求必须与面临不同挑战的邻近学校的需求相平衡。她开始系统地看待这些问题，而不仅仅局限在她所关注的那个学校。在当前规模层面，她的目标不是指导某个孩子或美化学校的建筑和地面，而是帮助制定政策——这可能会持续地对众多学生产生影响。

- 10^5——**城市**。她对当地中学持续的维护需求感到沮丧，她决定为此做点儿什么，于是便竞选加入学校董事会。通过这种方式，她可以解决那些显而易见的、更大范围的、系统性的问题。但是随着规模的变化……问题也发生了变化。在这个规模层面，问题不再是她所熟知的学生群体的福利，而是当地学校和当地政府之间的紧张关系。摆在她面前的是全州范围内的强制性考试、问责制、教师资历和教师工会的角色等老生常谈的问题。在这个规模层面做出的决定和实施的行动会影响到成千上万的学生——不管是好是坏。

毫无疑问，其中的每一个规模层面都有值得一做的工作。每一个更大的规模层面（每个外圈的同心圆）意味着可能产生更大的影响，也意味着更大的不确定性和更高的风险。归根结底，通过规模来思考问题的价值就在于明白这样一个道理：随着规模的变化，问题的性质也发生了变化。在某些情况下，小的积极影响的确定性可能超过我们对于自己是否可以在更大范围内做出正确事情的不确定心理。确定性和影响的范围似乎成反比。从规模的角度来进行思考，我们可以平衡已知与未知、当下与未来、风险与回报。没有一个"正确"的规模可供操作，但是我们可以分割任何问题，以揭示各种可能性和问题本身可变化的性质。

标量框架的陷阱

框架是一种令人欣慰的装置，可以把我们周围的混乱状态组织成一个与我们的世界观一致的整洁的"盒子"。标量框架预先假定了一个有利的位置，我们可以从这个位置观察一个场景，并以最大帧速率捕捉到它——就像埃姆斯的相机毫不费力地向上滑向天空一样。事实上，人们常会认为相机是一个中立的观察者，但实际上相机及其视角从来都没有中立过。没有什么是中立的，标量框架方法就是明证。《10的次方》中镜头定格的场景同时引向包容与排斥。标量框架的陷阱在于把一个人的鸟瞰所见等同于现实。相反，我们必须认识到，相机镜头（以及我们的视觉）从来都不是单纯的，而都是抱着一定的目的观察事物。

埃姆斯夫妇那优雅的镜头移动同样可能带有欺骗性。镜头最初的取景和焦点位置决定了我们能看到什么，但最终也决定了我们看不到什么。例如，如果拍摄的镜头聚焦在妻子的脸上而不是丈夫的脸上会怎么样？或者，如果这部电影拍摄的是正在野餐中的一对黑人或混血儿夫妇，而不是一对白人夫妇呢？或者背景坐落在芝加哥的南部，亚马孙的大片森林里，甚至是越战期间战火纷飞的稻田中呢？在这些情况下，我们会以何种方式解读《10的次方》？在《10的次方》那冰冷面孔下骚动的是一种未被表现出来的，有关权力、视角、可见性和代理的政治……谁在取景？谁在选择？内容和语境是什么样的？什么被置于框架之外？

我们该如何构建10的每一次方，使之既能表现出我们对世界的看法，又能展现出我们正在观察的世界？它可以体现我们的特权、力量和政治理念。我们选择保留在框架中的东西和我们决定排除的东西不仅仅是随心所欲的无辜行为……它是在强化我们自己的观点。我们无法逃避自己的内在框架，就像我们无法逃避自己的影子一样。但至少我们可以承认它们之间的界限，并尝试将其抹掉。

查尔斯·埃姆斯和雷·埃姆斯把相机架在他们所在的地方（芝加哥），通过不易察觉的神奇的镜头变换创造出这样一种幻觉，即相机只是从技术的角度来观察现实。但标量框架也提供了一个机会，使我们可以借此扩大和重新调整框架，以使它更具包容性、代表性，甚至稍微失真。每一次视角转变的时候，我们可以借机反思一下我们对周围世界的认识框架的局限性。标量框架可以促使我们寻找其他框架，包括其他人的框架。店主对于处于挣扎中的学区所面临的各种问题的认知框架，可能与老师、看门人、校长、家长或学生本人截然不同。如果不进行自我批评，我们就会不可避免地通过我们自己的种族、阶级、性别、年龄、体型、能力甚至相对清晰的视野来构建我们的世界。回想起来，在一个5岁的孩子眼里，一个十几岁的少年就算是"年老"的了，夏天在他们看来几乎是永远也过不完的。物理学中的视差概念提醒我们，观察者相对位置的变化会改变被观察物体之间的关系。我们没有义务采用埃姆斯夫妇那客观化视角的"中立"外衣。事实上，我们必须抵制这一点。打破熟悉的框架，沿着他人的视角重新规划，反而可以打破预期，照亮新的可能性空间。

07
第七章
搭建脚手架

自上而下和自下而上的系统

我们怎样才能摆脱最初引起各种问题的那些想法，从规模的角度找到好的思路呢？如果想解决我们已经造成的众多问题，我们就需要能够改变数千、数百万甚至数十亿人生活（不仅限于全球气候问题）的思路和解决方案。

从规模的角度来看，我们必须重新构思我们创造服务、基础设施、政策、产品甚至社区的方法。我们有相当大的解决小规模问题的能力，尤其是在了解事情的来龙去脉且影响因素较少的时候。通常情况下，如果我们需要去解决一些变得复杂的问题，且不了解需要事先掌握哪些信息，我们就会出错。为了应对更大规模的挑战，争取让尽可能多的利益相关者参与其中肯定是大有益处的。"只要观察的人足够多，所有的漏洞就都无处遁形。"计算机程序员如是说。让更多的人参与进来，可以使其他人有机会发现盲点，填补在知识和经验方面的空白。但是更多的利益相关者加上更多的参与者相当于一个复杂的、繁重的程序。由于视角和观点的差异，事情可能会陷入停顿。

当我们试图在一个复杂的世界中按规模拓展解决方案时，我们可以借鉴哪些模型？大规模系统变化有两种主要模型：自上而下和自下而上。我将提出第三种方法——搭建脚手架，它位于这两种模型之间。为充分掌握搭建脚手架的特别之处，首先来看一看自上而下和自下而上两种模型的特征。

自上而下的结构在人类生活中几乎无处不在。当我们需要做在范围和规模上都相当大的事情时，我们通常会采用依赖于功能层次的组织逻辑。我们就是用这种方式建立了强大的军队、坚固的桥梁和纵向一体化的公司。在这些模型中，当权者、政府机构和专家位于层级的顶端，并有效地向下渗透到底部。一个人在层级中所处的位置越低，其自主权就越小。任务被分成由众多更小的任务组成的分支集合，这些分支集合本身又被进一步划分为专门化的更小的单元。这当然是工业革命和生产流水线独有的创造，也是管理科学的伟大创新。

自上而下的模型假定，提出各种解决方案所需的专业知识存在于高层（公司老板、项目经理、政策专家、军队将领等），这些"专家"可以从这个层面出发来评估全球问题，确定市场需求或受众需求，并提出一个可以扩展到许多领域的有针对性的解决方案。例如，在制造业中，生产者将各种必需的资源汇总起来，用来采购材料、模具，并将成品运送到消费者家门口。在政策领域，专家们对各种问题进行研究，与其他专家讨论并制定政策，然后表决通过这一政策，将其作为规章制度或法律来规范我们的言行举止。

自上而下的系统对于某些事情非常有效,但对于另一些事情,效果就差一些。自上而下的系统有以下几个优点。

- 自上而下的系统可以快速扩散各种创意和决策,因为它只需要少数精英来决策。
- 管理者可以将复杂的任务分解成更小、更简单的部分。这些部分更容易管理,并且还可以重新组合成一个有效的整体。
- 整个过程都受到监督,有人可以纵览全局,以确保减少冗余和低效现象。
- 由于无须形成共识,可以快速做出决策。
- 对底层的智慧和见识没有太大的需求——只需将顶层观点付诸实践。

但自上而下的系统会面临困境,有以下几点原因。

- 系统内部主要是自上而下进行交流,真正的反馈回路几乎没有。
- 这类系统很容易受到攻击,因为如果顶层被移除,它们就会散乱无章,失去协调和指挥能力。
- 这类一刀切的方案无法适应用户群体的变化。
- 这类系统存在惰性,因为顶层常会出现决策"瓶颈"。

- 那些最接近"实际情况"的人无缘各种分析和决策。

特别值得注意的是最后一点。由于自上而下的系统将各种策略和专业知识集中在离生产者和消费者最远的顶层，这些系统的操控者往往与那些对产品、服务或政策有最直接体验的人脱节，因此这类系统根本不能适应不同的需求。各类工具的设计是这种缺乏灵活性的一个典型例子：它们通常被设计成适合右利手使用，但不适合左利手使用，或者只适合身体健康的人使用，但不适合患有关节炎或身体有残疾的人使用。自上而下的系统能为许多人提供廉价、优质的工具，但这并不意味着它们能同等地满足所有人的需求。自上而下的组织无法响应所有不同用户群体的特定需求，这抵消了它们在快速扩散方面的优势。

自下而上的系统（有时被称为自组织系统或涌现系统）较为罕见，因此更具独特性。尽管已经有一些改变，但它们在商业和组织生产领域还没有占据支配地位。自下而上的方案在生态系统中更常见，这为我们提供了一条线索，去了解它们的特性、复原力和可持续性。例如，自然选择中没有总设计师（最高权威或聪明的设计师）来指导个体行为的演化路径。突变发生在那些能产生新的杂交（或创新）系统的边缘地带，从而对一个物种的繁衍能力产生积极或消极的影响。那些降低生物体繁殖能力的性状会被淘汰，而那些增强繁殖能力和生存能力的性状会被保留。当个体通过繁殖分享这些特质时，新的特质就被吸收到物种的基因之中。比如，没有一个具有前瞻性的计划预见到人类失去尾巴会带来什么好处。一个人适应环境的能力决定其具有成功还是失败的特质，个体通过连续的改变进行集体迭代……直到出现更合适的方案。自然选择是一个缓慢的（经常是任意的）过程，通常会经历大量的突变，遭遇无数次失败，但最终仍会缓慢地产生一个繁荣生态系统的"解决方案"。这种复原力值得我们好好效仿。

与大多数工业制造过程不同，DIY（自己动手）运动证明专业知识不仅限于专家阶层。通常情况下，该运动依赖于开放的标准、知识共享和扩大成员间的交流。大多数DIY生产商和消费者并不渴望传统的、市场驱动的生产商喜欢的那种经济主导模式（尽管零售平台"易集"正在改变这种情况）。这种自下而上的方法是以解决方案为导向的，而不是假定市场具有可扩展性（并且通常因为意识形态而拒绝这种方式）。例如，蓬勃发展的宜家黑客文化喜欢将某个宜家产品（或多个产品）的零部件重新利用，以打造功能性甚至颠覆性的新型家具。比如，将宜家的Billy或Expedit组合柜改装成垃圾箱，然后在诸如https://www.ikeahackers.net之类的网站上公开分享。在这个体系中，没有更大的计划在发挥作用，市场控制也不是目标。它可能只是希望建设一个繁荣热闹的共同体。

事实上，这种自下而上的系统所体现出的许多特性都与政策和工业生产过程相对立，或者至少是背道而驰的。在自下而上的系统中，个体在具体运作时，没有预先确定的最终产品，也没有集体工作目标。每次尝试都是一次试验——一种迭代的小规模、低资源的解决方案。这种方案在某个特定环境中可能有效，但在另一个环境中可能无效。在自下而上的过程中，要获得更大的、宏观层面的智慧和解决方案，必须有强大而活跃的信息流、链接和反馈循环，以便在整个网络和社区内都可以共享这种增量式的进展。自下而上的系统令人吃惊的地方在于，无论其个体多么睿智，都不会知道（也不可能提前知道）自己制造的突变会导致什么样的结果。这些个体身上似乎有一种近乎神秘的特质。适应性解决方案是多人相互协调的结果——每个人都在不断重复从尝试到失败、从尝试到成功，又从尝试到失败的过程。

自下而上的系统可能无法成为最生动的人类创造文化的典型代表，但它们确实会引发具有高稳定性、高弹性、强适应性甚至智能化的系统行为。

这类自下而上的组织结构的优点如下。

- 地方行动者有代理权、自治权和决策权；层次结构不占优势。
- 简单的规则加上简单的个体可以产生意想不到的协调而又复杂的行为。
- 该系统对当地条件和环境具有高度的响应能力。
- 因为这个群体没有行政权力管控，所以其组织结构不太容易发生灾难性的突变。
- 该系统具有自我优化和自我调节能力。

自下而上的系统的主要缺点是，它们扩展的速度非常慢，也就是说，不能通过制订计划来寻找特定的或更大的目标。其进化需要漫长的时间，并且有独有的曲折路径。群体的目标寻求行为必须在多个个体的协调行为中有组织地出现，因此这些系统的信息处理量大，反应缓慢。在这个过程中，它们运行稳定且具有弹性，但不会对自上而下的指令或激励做出回应。

如果说自上而下的系统的特点是僵化、分层级、行动快速，需要有一个领导层，而自下而上的系统的特点是有弹性、适应性强、行动缓慢且人人平等（见图30），那么，我们有没有办法把两者的优点移植到既不是自上而下也不是自下而上的中间系统上呢？

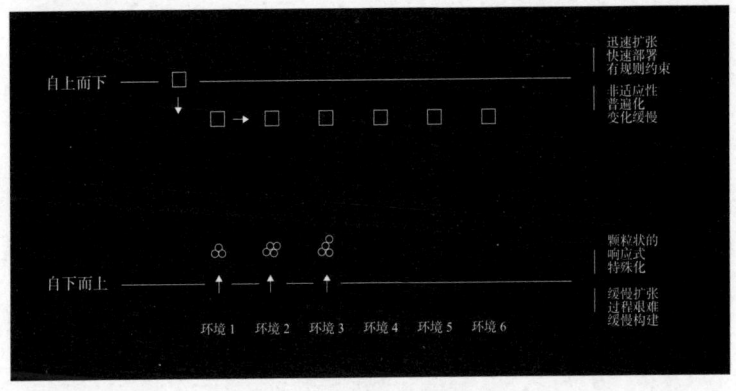

图30　自上而下及自下而上的过程

最终，我们跌跌撞撞地走到了中间地带。我们大多数最鲜活的生活经历都处于一个极端或另一个极端——要么全有，要么全无。我们对中间地带失去了兴趣，因为其似乎没有极端地带所具有的那种内在张力。但中间地带的存在是有其原因的，在从简单到复杂的系统概念图景中,中间地带被证明是最神秘的地方,或许也是重新思考如何增长我们的见识的最具潜力的地方。镜头拉伸到中间地带,我们会在这个经常被忽视的生态系统中发现各种突变体、杂合体和杂交品种。

我们倾向于认为新事物是凭空出现的,而事实上,新事物几乎总是来源于已有事物的突变。意想不到的事物总是处在中间地带,待时而出。因此,与其在自上而下和自下而上之间没完没了地来回踢皮球,不如趁现在的时机在两者之间找一条中间道路。如果说规模的缩放是在小与大之间或者个体与群体之间(在具体个例与其泛化之间)不断变化的过程,那么中间地带是什么?

脚手架：一个媒介框架

利用中间地带将好的想法推广扩散的方式是什么？理念和最终结果之间存在什么样的过程？比如，如果我们的目标是种植玫瑰，我们就可以设计并建造一个格架，这样玫瑰就有了成功生长的基础设施。我们这样做的目的是让玫瑰茁壮成长，而格架则最终会淡出我们的视野。人不是为了建造格架而去建造一个格架，而是建造一个足以让玫瑰盛开的架构。同样地，脚手架本身并不构成建筑的一部分，但我们需要构建一个脚手架，以使建筑保持其本身的形式。建筑完工后，脚手架就消失了。无论我们称之为脚手架、格架、平台、文化、基础设施、框架、模式还是规则集，目的都是一样的：设计一个媒介框架，它不属于事物本身（如玫瑰丛），而是促成许多不同配置（如玫瑰）的手段方式。这样做的目的不是创造出某个单一的理念，而是为各种结果的出现创造可能的条件。

为什么说这种处于中间层的搭建脚手架方法是自上而下和自

下而上框架的混合体？之所以说它是自上而下的，是因为必须有人把流程设计出来，就像搭建脚手架一样（见图31）。根据预期输出的不同，脚手架可以有多种形式：简单的、复杂的、古怪的、费时费力的、装饰性的、不规则的、反常的或规避风险的。设计脚手架确实需要一定的知识，还需要对过程有所了解。但它仍是自下而上的，因为一个人需要设计开发过程，以便将很多人的理念综合、优化并使之在最大限度上得以实现。它必须捕捉到大众的智慧，以及那些最了解其实际影响的人提供的细节信息；必须有各种反馈渠道和迭代路径，允许此过程的结果按照内部逻辑发展，虽然这种逻辑一开始不太明朗。这意味着要随着时间的推移定期运行和修改，听取参与者的意见，然后调整程序，微调方法，并不断迭代。此外，它还必须有持续的反馈循环回路，将脚手架搭建者和社区连接起来。

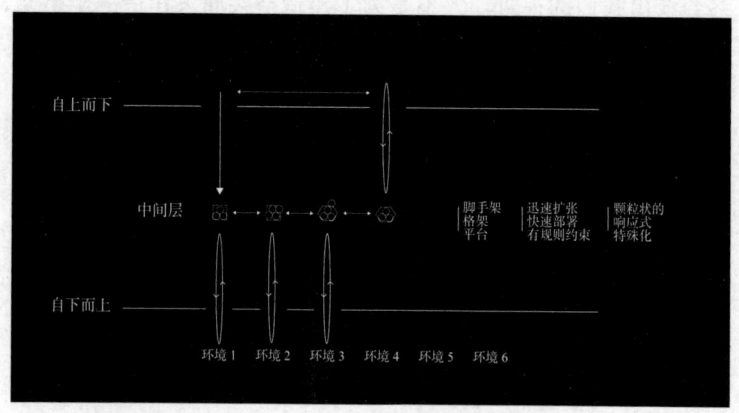

图 31　脚手架

我们面临的挑战是如何设计协议，以使许多人能够为集体创造和决策过程做出贡献，而不是使这个过程进一步陷入混乱。例如，维基百科使用一套高度细化的协议来更新、编辑和发布其众包条目。如果没有这套协议，那么针对条目的争议将很快演变成维基百科版的社论斗嘴竞赛。数字化网络当然有助于建立可对多人做出响应的递归结构，但不是挖掘精力和思想的动态蓄水池的唯一手段。节日和研讨会也能在传统的面对面的情境中激励人们。面对面的接触精微玄妙，人们可以相互协作，在速度和效率上失去的东西可于此中得到弥补。

搭建脚手架：如何开始？

如何开发一个脚手架流程？一个开放式、响应式的流程可能并不一定完全遵循以下步骤，但任何成功的项目通常都涵盖其中的大部分内容。

1. 协调：次数越多越好。这个阶段的目标是倾听、处理、学习，并整合整个社区的想法形成项目计划，然后反馈给社区。最终目标是打造共同点，让所有参与者都能认识到他们的作用举足轻重，并与最终结果息息相关。这是一个相互协作、界定问题空间的过程，而不关注问题是谁提出的。同时，利用这个机会可以确定参与边界设定过程的关键利益相关者。

2. 构思：浏览各种可能性。这里没有什么秘诀。把洞察力、梦想、恐惧和担忧变成实体的、可见的，便可以开始一个围绕项目方向创造共识的过程。合作产生想法的最终目标是设想一系列可能实现的未来。正如莱纳斯·鲍林的一句名言："得到一个好主意的最佳方法是先得到一大堆主意。"众多对未来状态的坚定而大胆的愿景合力,将创造出各种开放性的机会和多种可能的结果。这些结果结合到一起,未来便于此中产生。它们将处于博弈状态。然后,这个"解决方案"就变成了一个程序,或者一组公开的条件。这些条件根据社区的投入、反馈和能量不断演变,以适应不断变化的环境。

3. 原型设计:一起设想。要想得到解决方案,就必须将构思好的脚本付诸实践。具体操作过程要让整个社区可以选择、接受、适应、转变、放下、重新设计、改造并最终形成适合自己的行动脚本。这个阶段的目标是让一切变得快速、廉价,并在短时间内完成。目标并非找到解决方案,而是获取各种充满活力的反馈。我们平常所说的"逐次逼近法"适用于这一阶段:每一个逐次的原型在质量上必须超越它的前身——更少出错。或者像程序员们常说的那样,早失败,常失败,不要怕向自己所犯的错误学习。我们的目的是使用临时原型将各种反馈展现出来。其中的难点在于明确何时停止,何时将脚本转化为成品。

4. 程序设计:创造各种可能的条件。创造出来的东西在形式上必须尽可能地轻。这一阶段号召大家采取集体行动,并划定一个可能产生新的可能性的空间。这就是我们说的脚手架,我们也称之为"平台",或从更多层的意义上来看,也可以称之为"程序"。作为一个事物,它本身是什么无关紧要。它能产生什么比它是什么形式更为重要。它的外观绝不能过度包装,华而不实。协议、合同、愿景、章程、承诺、关系和前进策略,创新者的任务就是构建上述性能组合,使它们能够迭代进化。脚手架只是产生可能性的条件。一旦完成使命，它就会退居幕后，就像一个让位给盛开的玫瑰的格架一样。设计师的手可能更多地出现在这个阶段。

5. 递归：脚手架的学习策略。扩散是小想法扩大自身规模的一种手段。递归是发现好想法的一种手段。为一个社区设计一条前进的道路，这种设计能转化（或扩展）到另一个社区吗？答案是可以，只要同时拥有多组反馈回路就行。首先，原社区必须积极地把犯过的错误和刚学到的技巧正式融入平台和工具中。这个平台必须逐步进化。其次，一旦与他人分享，各种创新就必须在社区和各自平台之间来回流动。换句话说，各个方向都要持续不断地存在反馈回路。这需要创建一个通信基础设施，它可以发展、管理和维持平台使用过程中产生的各种观点、评论与信息的横切流。这个平台创造了可供多个社区交叉互助的条件。

6. 反馈：消费即再生。在搭建脚手架的过程中，消费不是消耗，而是再生。这更类似于爬上一棵树或在树枝上荡来荡去，而不是砍倒一棵树把它做成一个纸袋。在这个体系中，消费是什么样子的？在这种情况下，消费不是获取和消耗有限的资源，而是与不断更新的资源相互作用。这个系统就像生态环境一样可以进行自我平衡：雨变成水，水变成饮用水，饮用水变成废水，废水变成水蒸气，水蒸气变成雨，雨变成水。由于平台是产生各种可能性的前提条件，它可以持续促进再生。每一个新想法都能壮大和发展这个平台，也能反馈给平台一些见解。从字面上来说，反馈意味着向源头提供营养，平台的每次使用都是一个补充营养和恢复元气的过程。

很显然,这个过程中既有自下而上的策略,也有自上而下的策略。我们在设计事物可能出现的条件方面扮演着重要的角色,但是我们在接触过程中必须轻便、灵巧、讲究策略——足够搭建框架即可。这一切的真正目标是加速这个创发性过程,加速迭代、反馈和学习的循环。只有这样,这个过程才能以近似不断分化的需求的速度扩大规模。从尺度或规模的感知和概念行为中学到的一些经验教训可以指导这个过程。

- 不要设计解决方案。设计一个能找到答案的脚手架。
- 专业知识是存在的。
- 把不确定性变成一种资产——除此之外没有其他条件。
- 放弃控制权,将其转移给其他人。自始至终激励和平衡各方的参与行为。让消费者变成生产者。
- 建立可靠的渠道,在各个方向都保持良好的沟通。
- 设计一个流程,用于选择有效的功能,删除无用的功能。
- 确保反馈能够传到任何一个角落。
- 随着时间的推移,逐步将脚手架最小化。

因此,我必须在收与放、松与紧之间找到一种微妙的、近乎"禅"的状态。这个过程更类似于园艺,而不是设计。

Linux 操作系统的启示

虽然有人可能会觉得搭建脚手架是一个白日梦，一个没有任何现实基础的抽象构造，但世界上有很多这样的实例。虽然它们可能不能完美地对应到脚手架的每个方面，但这些相似之处极具启发性。它们能警示风险，也能照亮各种可能性。

操作系统是应用程序（如微软办公软件 Word，网页浏览器 Firefox、Outlook 或图片编辑软件 Photoshop）运行的基础，操作系统内部为其内核，是其他附加功能和操作的基本代码基础。据估算，微软的 Windows 10 操作系统包含 5 000 万行计算机代码。迄今为止，全球大多数个人计算机仍使用该操作系统。这个惊人的数字代表了人类努力和智慧的规模。尽管《连线》杂志报道，谷歌的代码基数比这大好几个数量级——谷歌系统有 20 亿行代码，但这个数字仍然是难以想象的。[1]

Linux 是一种开源软件，是计算机和其他电子设备的一种操作系统。Linux 这个名字来源于著名的电脑程序员林纳斯·托瓦兹，

Linux 内核是他于 1991 年在赫尔辛基大学读研究生时推出的。当时台式计算机仍处于发展的早期阶段，虽然有些人的桌子上已经有了台式计算机，但大多数人仍然认为家用计算机是一个相对奇怪的东西（如今众所周知的万维网还要在几年后才会出现）。托瓦兹当时使用的是 Minix 系统——Unix 操作系统的精简版，不过他发现这个系统不能满足他的特殊需求。于是他开始着手修补 Minix 的内核。他联系 Minix 的创始人安德鲁·坦南鲍姆，提出了自己的修改建议，但坦南鲍姆对这些建议不感兴趣。于是托瓦兹便着手编写一个新的内核，这个内核可以同时接受多人的贡献和建议。

Linux 系统虽然不是独一无二的，但它与众不同的一点在于，林纳斯·托瓦兹开发了一个脚手架式的源代码生产模型，该模型利用了他人的贡献来确保成功。它将开发、扩展和改进的功能进行分配，同时也为其他人的参与和反馈搭建了基础平台。成千上万的利益相关者可以在这个平台上发挥作用。托瓦兹（及其他人）监督的这个项目在启动之初并没有完全成形，而是像 Linux 一样处于成长和进化之中。它也不像有些人想象的那样，代表了一种纯粹的平等合作形式。事实上，这个特点最能说明搭建脚手架的过程。它将自上而下的生产模式移植到自下而上的多人参与过程之中。然而，托瓦兹这种方法的精明之处在于，他认识到，只要他把 Linux 的协作基础设施建好，这个项目就可以在没有繁重的组织结构的情况下不断扩大规模。截至 2019 年 4 月，Linux 操作系统已经有 2 400 万行代码，所有代码就像组成了一个调谐良好的管弦乐队一样协调一致。[2]

编写数千万行代码，并使源代码包含的各种功能顺畅地相互作用，就像在哈得孙河上建造乔治·华盛顿大桥或向月球发射火箭一样。任何小的失误都会让整件事情陷入停滞，而那些被忽略的潜在错误会随着项目的进行而扩大，有时甚至会比项目本身发展得更快。1991年林纳斯·托瓦兹首次向全世界发布Linux内核时，他的方法与此截然不同。"我正在为AT-386计算机开发一个类似Minix的免费版本，"他在一封电子邮件中宣布了自己的意图，"现在它终于可以投入使用了（不过对某些人来说可能还不能用，这取决于你想要的是什么），我愿意把这些源程序公之于众，以便在更广的范围内散布……这是一个黑客为黑客们设计的程序。我喜欢这样做，有些人可能会喜欢看它，甚至根据自己的需要对它进行修改。期待你们的评论。"[3]这封邮件中几乎没有任何迹象表明托瓦兹当时已经完全意识到他正在启动的是一个脚手架系统，他这么做无非是想与一群志同道合的黑客一起分享他的工作成果，同时希望别人认可他这项工作的价值。

最初这不过是一种精明的姿态，然而它却很快演变成一个生态系统，吸引了很多程序员参与。1994年，当托瓦兹发布Linux 1.0时，自愿参与合作的程序员已经增加到78人，分别来自12个不同的国家。[4]认识到Linux非凡的增长规模、实际效率和演化速度，托瓦兹和他的合作者们不得不创建一个协作基础设施，以便最大限度地利用系统的效能，最大限度地发挥程序员的才能。Linux取得如此巨大的成功，原因就在于开发人员构思并设计了一个参与平台，同时认同参与工作的人的贡献，管理极度复杂的、如雨后春笋般不断冒出的源代码,并建立强大且有弹性的反馈渠道和循环。Linux 系统中保障源代码安全最关键的因素,或许是他们制定了三个关键策略(或者说简单的规则)来激励各种参与力量,同时最大限度地减少漏洞:每个子程序都被模块化,这意味着其既可以独立运行,也可以插入更大的矩阵中;程序设计者必须测试他们自己产品的可行性,并进行"检查",以确保他们不会把系统漏洞引入更大的系统中;在任何时候,只要程序员觉得合适,就可以"分叉"代码来创建一个替代分支。这些规则,再加上创新性的授权方案(GNU 通用公共许可证强制要求免费发布),为爆炸式的有序增长开拓出一片不可思议的沃土。

作为一个明显自下而上、规模迅速扩大的生产过程,Linux 并非像许多杜撰者所说的那样,是一种纯粹混乱、充满激进的平等主义的组织结构。它的成功源于托瓦兹和其他人在自上而下的管理和自下而上的自主性之间建立的理想而又脆弱的平衡。这个系统的大部分源于托瓦兹的设想,但这并不意味着 Linux 是托瓦兹一个人的功劳。相反,它是成千上万程序员协同努力的集中体现。我们可以从这个过程中看到托瓦兹对整个设计过程的巧妙处理。他不管控系统的内容或语境,而是只负责启动设计运转的"轮子"。1992 年,他在发布 Linux 系统时写道:"我对'保持控制权'持有的立场,简单来说就是'我不会去控制'。我对 Linux 唯一有效的控制是我比任何人都了解它。"[5]

随着 Linux 应用范围的不断扩大,复杂性越来越高,托瓦兹面临着一个简单的规模问题:代码库的规模变得太大,凭个人之力根本无法监督。这通常被称为"Linux 不可扩展"问题。了解到自身的局限性之后,他创建了一个可以监督各代码子部分的核心团队。因此,对 Linux 的开发管理类似于更正统的自上而下的组织形式,但这也只是强化了这样一个事实,即 Linux 的生产模式既不是纯粹的扁平化,也不是完全的层级化。其中的一个关键点在于,监管人员的职责并不是去决定代码开发的方向,而是确保代码本身灵活、有效、简洁、模块化。关键在于,项目的复杂程度要求协作开发的基础设施能够承受编译数百万行代码的任务,同时又不会压制贡献者的能力。

这种开源生产模式的高明之处在于,它模糊了消费者和生产者之间的界限,将每个参与者都变成了源代码的潜在消费者,同时也变成了源代码的潜在生产者。尽管福特主义生产模式认为这两个群体之间存在明显的、绝对的差异,但脚手架模式以一种新颖的方式削弱了这种差异,促使生产者和消费者群体之间的联系更加紧密,并由此强化了生产体系。作为生产者兼消费者,程序员不仅可以从自己产品的质量、耐用性和效率中受益,而且还可以从他人的工作中受益。社区正是在这个基础上产生的。反过来,最终产品本身的强度和弹性是由社会组织决定的。当然,当人们把时间和精力投入一个产品的创造中时,他们很难会为了另一个闪闪发光的新玩意儿而把手头的工作扔到一边。

这一切意味着什么?一个开放的、处于中间层的程序如何在市场上竞争?这种操作系统是因程序设计志愿者的共同努力而形成的,已经占据了网络服务器市场的最大份额;它是安卓操作系统的基础,而安卓操作系统是世界上最流行的操作系统;它存在于大多数上网本和所有Chromebooks笔记本中;它在大约98%的超级计算机上运行。[6]这些统计数据足以使微软(一家在同样长的工作时间内需要向其程序员支付数百亿美元薪水的公司)嫉妒得脸色发青。2016年3月,或多或少屈服于Linux的成功,微软允许自己的数据库管理软件——SQL Server在Linux操作系统上运行。[7]不知何故,一个分布式的、开放的、完全自愿的过程,成功地在多个方面超越了微软这个世界上最大的民营企业中的"璀璨明珠",这真是一个奇迹。

虽然不是一个完美的脚手架创新模型,但形成Linux系统的平台开发过程可以阐明搭建脚手架过程的许多特征。此外,对Linux系统来说,虽然有些特性可能无法转移到其他进程(比如,代码的无限性和零成本再现性),但它还是证明了这个模型可以产生惊人的结果。这两者有什么相似之处呢?

- **协调**。在前文中,托瓦兹写道:"这是一个黑客为黑客们设计的程序。我喜欢这样做,有些人可能会喜欢看它,甚至根据自己的需要对它进行修改。期待你们的评论。"换句话说,他展示了他对黑客文化和开源编程的理解,并邀请大家自愿分享为自己或他人解决问题的乐趣。他免费给予了一些东西,或者说建立了和谐一致的关系,给系统后续的开发提供了很多可能的方向。
- **构思**。在前文中,托瓦兹这样描述了他的愿景:"我正在为 AT-386 计算机开发一个类似 Minix 的免费版本。"在这个开场白中，他创建了一个可能的愿景：编写没有任何附加条件的免费软件，尽管它规模有限，并存在潜在的漏洞。这封邮件中描绘了一个可能的未来，但它只有通过其他许多人的参与才能实现。

- 原型设计。托瓦兹勾勒出一幅生动形象的生产系统草图——开源代码、可迭代性、反馈渠道和更广泛分发的承诺。一年后，它又与 GNU 通用公共许可证结盟，建立了一个非营利性版权框架，即无限分发、分叉和共享的权利。后来，随着代码变得更加复杂，Linux 社区建立了助理人员结构，以加快产品评估过程。Linux 现在的模式，在最开始的时候并不存在。然而，经过缓慢、迭代的进化过程，它最终自己选择了一种形式。

- 程序设计。开源代码的属性、可迭代性、反馈和嵌入的基础结构共同构成了 Linux 赖以繁荣的平台。Linux 不仅仅是其源代码的最新版本——它不是事先设计好的程序。相反，最新版本是脚手架框架下产生的最终结果，这个脚手架框架为编制基础代码创造了可能的条件。它是动态的，从某些方面来看，也是鲜活的。Linux 在没有任何个人指导方向的情况下持续发展。托瓦兹可能会做一些协调工作，但他不会规划整体结构。他的效率依赖于数以千计的程序员和用户的贡献，他们持续推动这个系统向托瓦兹从未预见到的方向前进。

- **递归**。Linux 系统最引人注目的方面是其开发方式。这种方式可以自主生成数百万行代码，同时还可以不断地对其进行模块化、分配、重新连接和重新组装。事实证明，这种方式行之有效。使整个架构保持运行的是一种复杂的"管道"和"端口"机制：基本上是一种类似装配式玩具 Tinker Toy 的结构，它允许程序员在重组结构保持完整的情况下，将子组件分解并对其进行修补。程序员可以识别子组件中的错误，使其不至于危及整个组件。就像电影《终结者 2》中的液态金属机器人一样，每个模块都可以分解成一堆代码，然后这些代码被重新组装起来，变得比以前更优、更强。各种改进就这样一路引导着源代码，在系统中不断跃动。

- **反馈**。用户不只是简单地使用 Linux 系统，他们也在改造它。如果没有托瓦兹及其他人为这一过程建立的复杂的反馈和前馈渠道，那么这一切都无从谈起。大量有效沟通是 Linux 系统的命脉所在。写在源代码中的评论、新闻网和博客上的帖子，甚至激烈的争论、钓鱼引战和网络论战，都对使 Linux 保持活力和适应性的信息生态系统有帮助。[8] 信息在各个方向上的持续流动（有纵向的，也有横向的）最终使系统和流程变得透明，让任何无意中接触到的人都能了解并掌握。正如任何对维基百科条目的历史感兴趣的人都可以追溯到它的前世今生，并弄清其开发过程一样，Linux 生态系统通过各类文档和通信流将整个过程向所有人开放。

搭建脚手架

当然，托瓦兹和其他人在打造 Linux 系统的过程中发挥了作用，但是他们并没有直接完成这个系统。相反，他们只是创造了让它出现的条件。这看起来像是玩文字游戏，但两者之间还是有很大区别的。创建促使 Linux 产生的脚手架有着明显的目的性，但这个设计意图并不是生成 2 400 万行代码的原因。自上而下和自下而上之间形成了一个动态的平衡，正是这种平衡使得代码有了灵性——让它活了起来。虽然它不是一个真正的、繁荣的生态系统，但相似度还是非常高的。它是动态的，有很强的适应性和反应能力，它在解决复杂性的同时不断开拓创新。

脚手架体现了一个悖论：它既是事先设计好的，又具有开放性。这个处于中间层的流程具有进化性、复杂性、非权威性和递归性，将技术体系和生态系统的特点糅合到了一起。它将生产力、沟通和适应性组合到一起，最大限度地扩大社会参与度。它是试验性的，就像生命本身是试验性的一样：没有谁能确保任何单一的创新或突变会在其所处的生态系统中存活下来。相反，许多小型试验必须同时进行，各种知识和洞见必须在整个系统中自由公开地循环流动。它既不完全是生态系统，也不完全是科技系统，但在本质上具有强大的社会性。它不是某种自上而下或自下而上的系统……而是在富饶肥沃的中间地带茁壮成长出来的东西。修复破碎的星球，解开我们政治体系的症结，或者让我们的社会变得更加公正，这一切的做法都跟以往不同。这既需要愿意接受极端的不确定性，也需要足够的信任来邀请他人帮忙找到解决方案。

08
第八章
拥抱复杂性

野猪和棘手问题

我们常常被势不可当的复杂性弄得晕头转向,在标量变化的迷雾中举棋不定,不知道怎样才能以最佳状态向前迈进。无论我们是结账时在纸袋和塑料袋之间犹豫,还是在办公室里被电子邮件湮没,我们似乎并没有足够的选择。环境主义者的口号"放眼全球,立足本地"给我们提供了一种大规模变革的模式:如果各地的变革推动者将注意力集中在当地的环境上,并可持续地解决这些问题,那么他们的行动将共同给整个世界增色,将暗淡的场景变成一幅明亮的画面。然而,这种变革模式存在一些基本问题。这一批评在人口理论中被称为"荷兰谬误",它关注的是这样一个事实:在很多情况下,解决本地问题可能意味着在其他地方制造出新问题。换句话说,欢迎来到这个网络化的邪恶世界。安妮·埃利希和保罗·埃利希于1990年出版的《人口爆炸》一书,将"荷兰谬误"这个概念带到了大众眼前。他们关注荷兰,部分原因是《福布斯》杂志的一篇文章曾指出,人口过剩不是问题,并指出荷兰是一个人口过剩和高生活水平可以共存的国家。埃利希夫妇对此有不同的看法:"尤其具有讽刺意味的是,《福布斯》认为荷兰不会出现人口过剩问题。这是一个非常明显的常识性错误,以至 20 年来一直被称为'荷兰谬误'。荷兰每平方英里可以养活 1 031 人,只是因为世界其他地方做不到这一点。"[1] 换句话说,荷兰能够保持高生活水平,只是因为它通过进口,利用了世界其他地区相对较低的食品和能源成本。荷兰人立足当地以将其福祉和生态足迹①最大化,但在解决本地问题的过程中,他们加剧了其他地区的不平等和不对称。

  与变革有关的规模理论与之前所述的理论的运作方式截然不同。与人们每次只在一个地区对内解决本地问题不同,与变革有关的规模理论认为,一种独特的创新想法可以跨越多个地区,在效率、能量和时间上获得规模经济。该理论假设,各种挑战都有很多共性,一个单一的创新模型可以解决此类问题。例如,在一些城市,社区警察有能力阻止暴力犯罪的急剧上升,这意味着全国许多城市可以采用同样的模式,希望取得同样的效果,尽管不同的城市之间存在地方差异。同样,欧洲城市率先兴起的旨在应对生态、交通和健康挑战的共享自行车服务,也在其他寻求解决同样问题的城市大规模普及。与变革有关的规模理论的工作方式类似于病毒感染或森林火灾。该模型假设变革将在环境 B 中发生,

---

① 生态足迹是指能够持续提供资源或消纳废物的、具有生物生产力的地域空间,其含义就是要维持一个人、一个地区、一个国家的生存所需要的或者指能够容纳人类所排放的废物的、具有生物生产力的地域面积。——译者注

因为它在环境 A 中产生了作用,并且环境 B 已经为事物的传播做好了准备——具备了必要的、类似的条件。但规模化不仅仅意味着理念的扩散。在这个过程中,从一个宿主社区到下一个宿主社区的跨越还涉及解决方案的规模和复杂性的逐步增加。然而,这种方法的问题是,它缺乏脚手架的连续反馈循环。这个模型暗示着规模操作只在一个方向上(向上)进行,而不像脚手架那样是双向的。如果规模化的创新模型的唯一目标是销售更多、覆盖更多或说服更多的人,那么在这个过程中它就不会学习和适应。

扩大规模(将规模作为一个过程而不是一个框架)暗含了这样一个问题:如何有意地改变系统,或者如何从一件小事开始,然后扩大规模,以满足更广泛、更多样化的社区的需要。这个过程对社会创新的意义不亚于对商业或技术创新的意义。一个农村社区发现一种解决公共卫生问题的持久的、低成本的方法后,地区或国家级的公共卫生官员可能会迫切需要在更广泛的人群中实施这一创新。一家小型服装设计和制造企业可能会从一篇精彩的新闻评论或一条病毒式推文中获益,从而需要提高产量,以比预期更快的速度投入更多资本,但同时也会认识到需求的大幅上升可能不会持续下去。或者,像美国短租平台爱彼迎这样的家庭共享服务可能会在一些地方获得成功,但它如何才能发展成为一个大规模的平台,不仅可以管理数百万用户,还可以涵盖沙特阿拉伯、塞内加尔、新加坡等不同国家围绕家庭共享和招待的各种条例、规则和文化习俗?我们是否可以从规模化中学到一些东西,将其作为指导或计划,并应用于所有不同的环境?简单来看,答案可能是否定的。但仔细分析就能发现一些关于规模和系统变化的令人惊讶的见解。

设计、计划、创新，甚至规模化的行动，就像是在由各种复杂的、流体的、动态的系统汇成的海洋中游泳。系统是元素和关系的组合，它们共同展示特定的行为。系统可以是实体的（如火车模型或天气），也可以是非实体的（如宗教信仰、家庭或软件）。并非所有事物都是一个系统，但大多数事物是某个更大系统的一部分。

例如，烤面包机的接线图代表一个简单的工程系统。通过一些指令，我们大多数人可以弄清它的工作原理（按下某个按钮，电子便朝这个方向流动，导致这些电线加热……）。从历史上看，系统思维产生于工程和计算机科学，尽管其中也有来自社会科学的痕迹。工程师们一直致力于创造各类极其复杂的系统，这些系统以惊人的方式运行（安全飞行的飞机，高耸入云、可在风中屹立不倒的摩天大楼，跨越峡谷的桥梁，永不间断的互联网）。这些系统的典型特征是，它们是线性的，它们由成千上万个部件组成，这意味着一个人可以非常明确地识别每个部件的作用及其如何对整体做出贡献，在系统发生故障时该如何修复。操作系统和文字处理应用程序等软件也是复杂系统的例子，这些复杂系统由数千万行代码组成，如果我们想让我们的工作准确无误地进行下去，那么所有代码必须相互协调。一个小错误、一小段错误的代码，就能使系统瘫痪。不过，只要错误的那行代码被修复好，系统就可以重新启动并运行。

复杂系统既不容易理解，也不容易修复。在一个复杂系统中，没有直接的解决方案。小规模的、有针对性的投入不会产生预先可知的产出。这些关系是非线性的，这意味着在更大的复杂性中，某个元素和它的角色之间不存在一一对应关系。而且，我们不能从系统本身推导出各元素之间的关系。轻微的扰动在某一时刻可能不会产生任何影响，而在另一时刻可能产生巨大的、变革性的影响——这正是复杂系统的神秘之处。规模化的创新模型在线性系统中可以顺畅地运行，但在非线性复杂系统中往往会出现灾难性的失败，因为简单的输入很少会导致可预测的输出。

以美国西南部乡村的野猪为例。这种杂食性动物长着 7 英寸长的獠牙，能撕碎肉，极具攻击性，目前正在农村地区大肆破坏生态环境，人们几乎无法阻止其群体数量的爆炸式增长和所带来的破坏。它很聪明，能够智胜猎人和渔猎管理员，它是捕猎者难得的对手。在某种程度上，这可能解释了为什么野猪在美国南部各州突然大量繁殖。对这些入侵性野猪的栖息地进行的研究表明，这些野猪的随机定居模式很有可能是猎人将其放归野外产生的结果。这些野猪不是当地的原生动物。它们非常聪明，善于躲藏，这使得猎杀成为一件令人兴奋的事，这就是美国猎人最初将其放归野外的原因。现在，专家们估计在美国野猪的总头数为 200 万～600 万，分布在 39 个州。它们的繁殖能力惊人，一头雌性野猪每年能产 24 头小猪。此外，除了人类捕猎者，这些野猪在当地没有已知的天敌。

最关键的是，这种入侵性物种的扩散威胁着整个美国南部人类工程和自然生态系统的健康与复原力。"野猪破坏了土壤、溪流和其他水源，可能导致鱼类死亡。它们破坏了原生植被，使入侵性植物更容易扎根。所有为牲畜准备的食物都会被野猪吃掉，它们偶尔也会吃牲畜，尤其是刚生下来的小羊羔和小牛。它们还吃鹿和鹌鹑等野生动物，吃濒临灭绝的海龟的蛋。"[2] 虽然不同品种的野猪已经存在了几个世纪，但直到20世纪80年代，它们的数量才开始激增。据估计，入侵性野猪每年给全美造成的损失高达15亿美元，需要控制的野猪数量超出了猎人或渔猎部门官员的能力范围——它们太狡猾，数量太多，繁殖能力太强，难以根除。[3] 很少有猎人能预见到，为了狩猎而放生几头野猪会破坏生态系统脆弱的平衡。现在美国西南部有句谚语："世上只有两种人：拥有野猪的人和将会拥有野猪的人。"[4]

这就是复杂系统的波动性：小的投入可能会产生超出规模的结果。这些复杂系统围绕着我们。虽然我们可以通过将复杂的工程系统分解成较小的部件来理解它们，但复杂的系统无法用逻辑和理性的"手段-目的"计算法来解释。世界上任何一种美好的愿望都无法将一个烦琐复杂的系统变成一个可预测的复杂系统，这是霍斯特·里特尔和梅尔文·韦伯在他们1973年发表的论文《一般规划理论中的困境》中发现并精确描述的一种综合征，这篇文章影响力日渐增长。他们创造了"棘手问题"（wicked problem）这个术语来描述一种新的、无法解决的社会复杂状况（此处的wicked指的是"极端复杂"，而非"恶意"），他们以专业规划课程的兴起为背景，描述了这些"困境"是如何出现的。各类棘手问题，如枪支暴力、交通拥堵或贫困等，有几个令人震惊的特征：当我们试图解决它们时，它们似乎只会变得更糟，它们没有尽头，也没有边界——每一个棘手问题的出现都是另一个棘手问题出现的征兆：健康状况差是教育欠佳的征兆，教育欠佳是长期失业的征兆，长期失业是高犯罪率的征兆，高犯罪率是高度暴力的征兆，而暴力社区又与不良的健康状况相关。棘手问题就是如此循环。我们如何在不考虑经济机会的情况下解决犯罪问题，又该如何在需要更高教育水平的就业市场上解决经济机会问题？具有讽刺意味的是，对规划者来说，他们实际上解决了许多在19世纪和20世纪困扰发达国家的城市的问题。系统的、合理的规划根除了20世纪早期城市中的大多数社会弊病：铺平的道路将不同的街区连接起来，住房建造项目甚至让低收入者都从中受益，现代化的供水和下水道系统除掉了疾病的源头，公立学校为孩子们提供了提高经济地位的机会。那么，到底发生了什么？一句话：复杂性。

　　问题的本质发生了变化，从可控、可预测变得疯狂、棘手。过去经过深思熟虑、用理性的解决方案就能解决的挑战，现在已经不存在了。相反，各类问题已经发生了变化，从烦琐变得复杂。它们具有了意想不到的、难以管理的特征或行为，不能像前一类问题那样干脆利落地解决。换句话说，随着系统规模的改变，它们会表现出新的、意料之外的行为。多个因素共同导致了这种新的事态，但有三个因素与我们此间的讨论有着特别的关系。第一，社会环境中的系统会产生社会反响。也就是说，不同社区的需求、欲望、能力、政治、资源和机会之间杂乱的相互联系，使简单、直接的干预无法实现。适用于一群人的方法可能不适用于另一群人，因为这些社会系统是无限的、"开放的"，而且在内部相互冲突。

第二，20世纪早期的挑战要求规划者要有行之有效的计划，而这些新问题必须根据受影响社区的需要得到公正解决。请记住，作者是在20世纪60年代末的阴影下写这篇文章的，当时各种权利运动（性别、种族、性取向和能力）都坚持认为，正义的天平已经历史性地倾向于一个特权群体。在处于统治阶层的白人男性精英看来正确和公正的解决方案，对于日渐被赋能但长期得不到充分服务的社区，可能就不那么合适了。城市规划师罗伯特·摩斯可能觉得，对那些来往于绿树成荫的康涅狄格郊区的富裕的私家车主来说，修建一条穿过南布朗克斯的高速公路是有规划意义的，但这要求犹太裔和非裔美国人搬离他们的社区，以方便修建高速公路，这种做法对犹太裔和非裔美国人来说显然有些不公。

第三，传统的规划活动假定计划者可以立于系统，从全知全能的角度俯瞰整个系统，但是没有哪位专家能够真正获得这种位置优势，或者独立于他们所观察到的系统之外。他们在书中写道："专家也是政治游戏的玩家，他们寻求宣扬自己的愿景多于他人的愿景。计划是政治的组成部分。这是不言而喻的。"[5] 对里特尔和韦伯来说，在20世纪下半叶，他们没有办法割断那些缠在自己身上的"戈尔迪之结"①。作为职业规划师中的一员，他们只能展示自己的部分知识，也只能表达一小部分行动者的价值

---

① 戈尔迪之结，指缠绕不已、难以厘清的问题。——编者注

观。更糟糕的是，自里特尔和韦伯在20世纪70年代早期发表文章以来，各类繁杂的系统变得更加错综复杂。随着世界的联系更加紧密，各种症结也变得越来越难解。这些问题是如此错综复杂，甚至没有一个明显的开始、中间或结束的线索来着手解决或跟踪。世界上的各类问题是否已经复杂到难以驾驭的程度？我们每天与之互动的社会、技术和环境系统是否太过混乱，以至于无法管理？我们如何驾驭这种深刻的复杂性，或者稍微换一种说法，一个人在面对复杂性时该如何去做？

系统无处不在：有技术性的，如电话系统；有社会性的，如朋友圈；有环境方面的，如城市街道上的雨水。它们的规模从全球范围（互联网或天气）到本地范围（堆肥堆或汽车）不等。系统是由相互关联的元素组成的，这些元素集体表现出各种行为。对系统来说，整体大于部分之和。生态思维的兴起使我们看到自己作为全球生态系统中重要但不负责任的一部分，也许是受它的启发，现在我们几乎不可能只看到事物、过程和现象而无视它们所处的系统。这就解释了为什么我们如此频繁地读到和听到"破碎的系统"这个词。实际上我们可以更清楚地看到各种系统，但对我们来说，它们的行为仍然很神秘。

我们已经知道，人类系统与自然系统以无限复杂且反直觉的方式相互作用。例如，农业或畜牧业一直代表着人类与不可预测的生态系统之间的斗争。再加上现在全球范围内的技术系统，以及几乎即时携带多种形式信息的能力，我们开始理解为什么我们面对的问题变得如此棘手。我们经常召集最优秀和最聪明的人来处理那些最难解决的问题,但他们提出的解决方案往往是弊大于利。比如,我们的照明设备实现了从白炽灯到紧凑型荧光灯再到LED(发光二极管)灯的更新换代,这使得能源利用效率大幅提高。然而,现在由于LED灯使用成本低廉,其安装和使用的数量大幅增加,进而导致全球光污染的增加。[6]非线性的复杂系统对变化的反应不成比例。少量的投入会导致一连串的变化(比如其他水体带来的少量藻类会扩散成毁坏湖泊的赤潮),而大量的投入也可能会产生很小的影响(想想马克·扎克伯格向纽瓦克学区投入的大量资源)。鉴于这种随机性和不可预测性,我们怎么才能不被我们的行为可能导致不平等和不恰当的反应的想法麻痹呢?

不确定性和复杂性这对孪生恶魔并不是不可逾越的障碍,但我们需要的不仅仅是向同一个方向施加更多的力量——一个解决更大问题的大锤子,而是一种新的思维方式和全新的拥抱问题的角度。德内拉·梅多斯是一位理智而富有诗意的系统思想家,她坚持认为,各类系统,无论多么复杂,其内部都有一个杠杆点,或者说介入的机会。从这个点施加压力、力量、智力、资源可以从根本上使系统向更优化的行为倾斜。就像标量框架一样,每个杠杆点都从本质上提供了一个不同的机会,将系统向更理想的方向推进,就像针灸师将针灵巧地插在饱受病痛折磨的病人身上一样。但是,我们规划、控制和管理系统的欲望中潜藏着危险,由于其非线性的性质,这些系统不会轻易屈服于这些策略。

这种命令与控制的思维模式是机械论世界观的遗产:只要我们运用足够的力量或智慧,我们就能设计出想要的系统状态(比如更换电气系统中烧断的保险丝），这样一切就又能顺畅地运行了。就像埃姆斯夫妇的"全视相机"一样，人们经常会把自己对一种情况的看法与对它的客观看法等同起来，并认为自己会理所当然地做出正确的行为。但如果现实情况是这样的话，我们就不会遇到棘手问题了。还有一个更深层次的问题需要思考，那就是知识本身："我们永远无法从还原主义科学的角度去完全理解我们的世界。我们的科学本身，从量子理论到混沌数学，将我们带入不可复原的不确定性……如果你不能理解、预测和控制，那么还有什么可做的？"[7]尽管受到木偶系统的诱惑，但各类复杂系统对这种控制模式来说天生就太不稳定。每一个难以破解的复杂系统和棘手问题的中心，都有一大堆极端的不确定性。

我们不应被问题的规模、复杂性或混乱压倒，而必须采取禅宗式的参与行为和主动协调措施。我们应该寻求的不是对系统的掌控，而是一种更高的意识。"我们无法控制系统或描述它们。但我们可以与之共舞！……我从激流皮划艇、园艺、演奏音乐和滑雪中学会了如何与巨大的力量共舞。所有这些努力都需要一个人保持清醒、全神贯注、全力参与，并对反馈做出回应。"梅多斯如是写道。[8]每一项活动都是一种使大脑、身体和感官参与进来的动态"推拉"运动。协调不只是我们聚精会神地盯着电脑屏幕，而是重申了身体与精神作为一种更谦卑和更充分地拥抱复杂性的手段的首要地位：呈现在情境中的是身体、心灵和感觉。

没有一次性的、神奇的答案。我们现在的纠缠系统看起来更像生物学而不是物理学，更像复杂的生态系统而不是电路图或计算机代码。但在这里我们也瞥见了一种略微不同的方法的轮廓——通过这种不同角度的方法，我们认识到规模和复杂性的结合需要新的替代策略。我们必须一遍又一遍地参与，并以非常细微的方式进行关注。这是一个既有失败又有成功的迭代过程（解决和重新解决，设计和重新设计）。[9] 由此产生的数据和学习将助力任何前进的轨迹——反馈和调整、探索和退缩、分析和反思、谦卑和启发、倾听和行动的递归循环。这是一种逐次逼近的方法——每一次后续的迭代都减少了误差，并增加了向前的动量，使之朝着某种（无法达到但希望达到的）稳定状态前进。或者说是芝诺悖论：永远不会完全达到，但至少已经越来越近。

但做设计的是谁呢？不可能只有专家，必须是我们所有人共同参与。这也是脚手架发挥作用的地方：我们所有人都必须全力参与一个精心设计的过程，其鼓励我们参与，利用我们的地方性智慧并挑战遥远的专家。当自主权、代理权和改变系统的能力交还给那些使用我们创建的系统的人时，我们最终将会看到一组更微妙、更有反应性的行为。专家驱动的、自上而下的解决方案是脆弱的：它们无法赋能，只是安抚人心。搭建脚手架的方法通过将我们所有人连接成智能的、响应迅速的参与式建设者来建立弹性。我们必须为能够灵活地应用一个开放的、包容的、协调的新参考框架创造条件，并坚持不懈地设计、设计、再设计。微小的、灵活的、递归的和分散的设计不一定能够更快地推动一个复杂的系统朝着正确的方向发展，但至少它的自我修正能力会克服促使系统沿着错误方向前进的巨大推力。

重构交通系统

汉斯·蒙德曼是著名的交通工程师。2008年，62岁的蒙德曼因癌症去世时，他关于交通工程的谦逊和非正统的观点在世界各地的交通与城市规划中引起轰动，甚至渗透到更广泛的文化中。有关汉斯·蒙德曼及其作品的专题报道出现在《威尔逊季刊》《连线》《纽约时报》《卫报》上。蒙德曼的作品并不多，但其作为荷兰交通专家，在交通业内的声誉很高。他的观点印证了微小的扰动能产生巨大影响。为了展示自己重新设计的交通系统的安全性和功能性，蒙德曼曾在带领采访者步行参观自己的作品时，为他们表演了一个戏法：他会闭着眼睛走回这个经自己重新设计过的十字路口，每次他都毫发无损。要理解他为什么会以这种方式展示创意的有效性，我们必须弄清楚他是如何让我们与系统共舞的。

像大多数工程一样，交通工程以线性的方式运行。解决方案的规模和复杂性往往随问题的规模和复杂性的扩大而扩大。荷兰的德拉赫滕市拥有 4.4 万人口，2001 年，该市聘请蒙德曼来处理市中心一个功能欠佳的十字路口（见图 32）出现的问题，此处发生的汽车交通事故已经导致两名儿童死亡。

交通堵塞时有发生，事故也很常见。交通工程师的典型反应应该是增加更多更清晰的标识，更好地调整红绿灯、防护柱和人行道，以便保护、分隔司机和行人。换句话说，如果你遇到一个更大的问题，你就需要一个更大的锤子。然而，蒙德曼却选择了一个截然不同的方向——他几乎把所有东西都从这个十字路口搬走了。他清除了几乎所有的交通标志和交通灯；他让咖啡馆和行人更靠近街道；他移走了防护柱，安装了更多的公共艺术品。这项针对交通混乱的激进试验的结果是，该地的交通流量增加了

图 32 荷兰德拉赫滕的某十字路口（调整前）
图片来源：Eddy Joustra, © Municipality of Smallingerland.

30%，而事故却减少了50%。

蒙德曼重构了当地的场景，从司机个人而非工程计划的角度来思考。他也欣然接受不确定性，意识到在某些情况下，授权他人应对复杂情况要比在复杂情况下牵着他们的手解决好。蒙德曼的哲学被称为"共享空间"，它从行人和司机（而非汽车和交通系统）的角度来重新规划当地的交通。我们可能会说他是从10^1的角度思考，而非从10^3的角度。或者用蒙德曼的话说："如果你把别人当傻瓜，他们的行为就会像傻瓜。"[10] 蒙德曼意识到，交通信号和路标已经逐渐把司机变成了被动的参与者，使其依赖于周围家长式基础设施的指示。按照这种逻辑，更多的交通流量意味着需要更多的基础设施，这就会产生更多处于被动地位的司机，从而导致更糟糕的结果。通过把注意力从汽车转移到司机身上，他使司机和行人在十字路口的舞蹈中处在了平等地位，成为主动的谈判者，而不是被动的跟随者。

蒙德曼认为交通是在两种不同的规模内运行的。正如汤姆·范德比尔特所写的那样："蒙德曼设想了一个双重宇宙。高速公路上的是一个标准化的、同质的'交通世界'，人们通过简单的指令就可以快速理解。另一个是'社会世界'，在这个世界里，人们以人类的速度，通过人类的信号生活和互动。他移除德拉赫滕市中心或其他任何地方的交通基础设施的原因很简单：'我不想要交通行为，我想要社会行为。'"[11] 尽可能多地移除各类路标，并在这个十字路口的中央增加一个草丘（见图33），使行人和其他人更直接地与汽车发生空间冲突。蒙德曼希望司机和

拥抱复杂性　　　　　　　　　　　　　　　　　　　　　　　　　　201

图 33　荷兰德拉赫滕的某十字路口（调整后）
图片来源：Ben Behnke, *Spiegel*.

行人借此调整他们的行为方式，从被动地观察控制规则到主动地协商共享空间。

蒙德曼知道，如果双方都被授予一定的权力，而不是由自上而下贯彻的传统交通规则来管理，他们就可以更有效地应对这场冲突。放松控制并将行动转移到司机和行人的层面，让蒙德曼冒着制造混乱和不确定性的风险。但他也猜测，一种活跃的视觉和社交线索的舞蹈编排将从互动中产生。事实果然如此。与此形成对比的是，在拥有 4 万人口的新罕布什尔州康科德，交通工程师选择在一个安静的居民区安装了 27 个交通标志，以帮助司机和行人通过这个不起眼的环形交叉路口（见图 34）。[12] 蒙德曼的思想已经传播到荷兰的其他城镇，以及德国、瑞典和英国，都取得

图 34　新罕布什尔州康科德的一个环形交叉路口

了同样的成功。[13]

在对交通系统的重新思考中，蒙德曼遵循了三个关键策略：从规模的角度来思考，拥抱不确定性，把我们的身体和感官放回画面中。为此，他打造了一个脚手架或平台，司机和行人可以在这里共同制定游戏规则。传统的方法会假设只有交通工程专家掌握所有的专业知识，并且只有通过良好地利用他们的智慧才能解决问题。相反，蒙德曼认识到，将代理权和寻求解决方案的工作分配给个人而不是移动的汽车，将为制订更好的解决方案创造条件。其之所以奏效，是因为他重新设计的系统（或反系统）赋予行人和司机在交通圈的舞蹈编排中调动所有感官的能力。

如果脸书或谷歌设计了让我们所有人都参与隐私设置开发的

系统，那么它们会是什么样子？如果我们建立一个框架，让学生能够塑造他们的学习环境，并且这些框架能够自我学习，变得更加智能化，那么我们的学校系统会是什么样子？如果我们从经验丰富的政策制定者手中接过控制权，设想一个让每个人都能发挥作用的框架，以及产生真正影响所需的反馈回路，那么我们应对气候变化的方式会有什么不同？我们在规模和复杂性面前的无能为力，并不是因为我们没有角色可以扮演，或者没有代理人。这是一种错觉。我们目前建立的系统已经把代理权从我们手中夺走，同时监督者已经让我们相信他们有答案。自上而下的、脆弱的系统剥夺了我们的权力，尽管在某些情况下，是我们自己愉快地将这种权力让给了它们。

　　处于边缘的群众比处于中心的专家更有智慧。越是问题更直接的地区，其解决问题的能力越强，前提是解决问题的过程会被共享到一个递归和自适应的过程中。我们必须夺回拥抱纠缠的能力，并用它来达到我们的目的。

　　"参与式预算运动"将预算决策从官僚化的专家手中交给直接受影响的人。当然，这个过程需要一些设计方面的专业知识。不过，在这个过程中，设计者创建了足够多的基础设施，以便那些直接受影响的人可以集体地、迭代地、面对面确定优先顺序。去中介化不是目的。目的是拥抱不确定性，与每个人打交道，与混乱共舞。蒙德曼向我们展示了我们直接闭上眼睛、向后倒退着在复杂性的深渊中跳舞的样子。

09
第九章
"存在"问题

> 所有的模型都是错误的，但有一些是有用的。
>
> ——乔治·博克斯[1]

我们眯着眼睛看着电脑上打开的各个窗口，在文件之间来回穿梭，在电脑上摆弄着各种文档和电子表格，好像这些都是我们许多人不再参与其中的一种工作方式的视觉隐喻，而这一切我们都已经习以为常。然后我们就会想，为什么世界上的其他事物不像电子和像素那样屈从于我们的意志。可以说，我们已经为我们的工作、社交和休闲环境构建了一面数字镜子。我们花大量时间"沉浸"在这些数字空间中，但实际上我们只是在玻璃之外向内窥视。我们双肩下垂，脖子前伸，手指在键盘和触控板上轻快地移动，为我们共同构建的这个短暂的新世界带来生机。

在这种环境中度过的时间对我们身体和大脑产生的长期影响会随着时间的推移而显现出来。我们就像第一批宇航员，自愿去网络空间的边缘进行一段开放式的旅行。一封信大小的文件都是5.5英寸×8英寸,海报和邮票则无法区分大小。尽管它奇妙、强大、诱人,但我们还没有真正与之融为一体。就好像物理定律似乎并不完全以同样的方式适用一样,我们与这个非物质世界中的事物的形状和尺度或规模的关系仍处于演变之中。

  尺度或规模不仅仅是一种衡量事物的手段,这一点现在应该已经很明显了。为了更深刻地理解它,我们必须深入研究它的内部运作,以便从中找到一种新逻辑的模糊概念。我们身处其中的非物质纠缠不会很快消失。但愿我们现在可以更清楚地认识到什么是规模:它是一个探索这些纠缠的框架,一种探索方式;通过它,我们可以明确地表达一种新的可能性。

地图不等于领土

这个世界与我们向自己展示的世界之间一直存在差距,因此,我们构建的数字环境不总是经得起仔细审视也就不足为奇了。照片(还有图画、图纸,甚至是地图)以巧妙的方式将我们带入了它们的微缩世界,让我们忽略了它们在标量方面耍的小把戏。在仅有155个单词的短篇小说《论科学的精确性》(英语译本)中,豪尔赫·路易斯·博尔赫斯提出了构建在我们的表征和知识系统中的标量悖论。就像博尔赫斯的许多作品一样,它引起了我们的注意,就好像是我们在图书馆里一本满是灰尘的旧书中发现的……一点儿来历不明的东西。为了加深这种体验,博尔赫斯用一个省略号开启全篇,就好像我们是在无意中进入了一个正在发生的故事中。

……在那个帝国,"制图艺术"达到了如此"完美"的程度,以至一个省的地图占据了整个城市,而帝国的地图占据了整个省。随着时间的推移，那些不合情理的地图不再令人满意，制图师协会绘制了一幅帝国地图，其大小与帝国面积相当，并且与帝国版图完全吻合。后来的几代人不再像他们的祖先那样热衷于地图绘制学的研究，他们觉得那幅巨大的地图毫无用处，而且也不无谬误之处，于是把它扔掉了，任由其风吹日晒。直到现在，西方的沙漠里仍可见到那幅地图的残骸，里面住着动物和乞丐。在这片土地上，除此之外再没有其他地理学科的遗迹。

——苏亚雷斯·米兰达，《明智者游记》第四卷，第四十五章，《列里达》，1658年[2]

从表面上看，它是《明智者游记》这部更大的作品中的一个片段，这次短暂而充满诗意的旅行涵盖了数英里的概念领域，有力地撕裂了我们对一个真正可知世界的梦想。

博尔赫斯用地图的比喻来颠覆这样一种观点，即我们的表现形式能够衡量我们对现实的完整体验。无论是文学、电影、绘画、诗歌、音乐，还是舞蹈或语言，这些形式都是生活经验的二阶近似，或简化的抽象。它们没有也不可能确切地"逐点"捕捉生命，这样做跟帝国地图制作者的狂妄自大没什么两样。在谈到地图在文学中的吸引力时，凯西·塞普表示："这幅帝国地图在文学上的等价物将是世界上每个人的传记，或者是一部关于每天每分每秒的小说。就像地图一样，文学从选择和微型化中获得力量。"[3]

换句话说，表征是一种现实的比例模型。它与现实有着相同的品质和特征，甚至在视觉上和感觉上都与现实别无二致，但它永远不可能完全代表现实。美，甚至我们的人性，或许就在于其与现实之间的差异程度……在于承认规模模型或微缩模型总是存在缺陷。但是事物本身和它的表征之间存在着一个可能的魔法世界，一个人类经验的世界。

那么，我们是否都迷失在没有沙漠的地图中呢？这幅地图是否超出了领土范围？在我们的"西部沙漠"，在我们的脚下，松软的沙子无法提供坚实的基础。热气在滚烫的沙子上方飘荡，扭曲了我们的视线；绿洲永远只有在海市蜃楼中才会出现。没有标记，没有路标，就好像迷失在一道平滑的、没有特色的风景中——一个消失在底中的图。对麦克里斯特尔将军来说，策略图显然超越了战斗本身。借用语言学的术语，我们对世界的理解是由建立在能指之上的能指组成的。或者用神话隐喻来说，宇宙就是一只乌龟驮着另一只乌龟所形成的乌龟塔。这就是我们为什么说尺度或规模是一个如此关键、需要全力应对的架构。它埋藏在我们认识世界的方式深处，飘忽不定，难以驾驭。它从一种措施手段转变为一种行动框架；从令人惊讶的催生系统变化的催化剂转变为确定图底关系的一种手段。

如果技术和网络的变化正在使尺度或规模和度量脱离人类经验，然后在数字网络中扭曲变形，那么我们该如何适应这种情况？20世纪早期可知的、机械的复杂性正在演化，成为编程混乱的网络和信息生态系统。但这并不意味着我们应该像卢德分子[1]一样，背弃我们所建立的这个错综复杂的世界。这也不是对一个更为简单的时代的哀叹。

在图形用户界面出现的早期，设计师比尔·盖弗为苹果电脑设计了一个名为"SonicFinder"的音频界面，它赋予文件的大小以听觉上的"权重"。[4]这个界面在概念上很简单：当用户选择一个较小的文件时，界面会传递高音；当用户选择一个较大的文件时，界面会传递低音。该界面甚至可以根据驱动器或磁盘上剩余的存储空间反馈不同的音高。这条未被采纳的路径的有趣之处在于，它以一种微小的方式向我们揭示了尺度或规模是如何从各个界面里消失的。为什么一个 1MB 的文件在视觉大小或知觉"权重"上与一个 1GB 的文件没有什么不同？由于对规模的忽视，我们失去了重要的感知能力。

最初的计算机输入设备是穿孔卡片。从那时起，命令行成为程序员控制计算机处理器操作的主要手段。从命令行界面到图形用户界面是一个突破范式的转变，将现代计算带到了大众的指尖。文件、桌面和回收站的视觉隐喻将一种由脚本和命令组成的外来语言翻译成一种模仿熟悉工具的拖放环境。这些界面和空间的创造者经常利用物理定律，不过也不总是如此。现在，当我们朝着虚拟现实、增强现实和混合现实的方向前进时，各种新的可能性将会出现，将人体及其启示重新构建到我们的非物质纠缠中。这

---

[1] 卢德分子（Luddites）是指 19 世纪英国工业革命时期，因为机器代替了人力而失业的技术工人。现在引申为持有反机械化以及反自动化观点的人。——译者注

不应该是作为一种风格技术的仿真性界面的回归，把我们的体验固定在熟悉的数字领域（带有"皮革"装饰的数字日历或带有金属斜面和阴影的凸起按钮）。相反，这是一种认识，即我们必须找到一些方法，将我们主要的信息搜集和处理手段与另一些东西联系起来，而不仅仅是局限在我们的眼睛、耳朵和指尖。我们必须特别注意的是，我们正在以损害自身思考能力和行动能力的方式重新规划尺度或规模。2012年，宜家的一位设计师抛出了一个重磅炸弹：宜家产品目录中60%～75%的产品图片都是完全数字化的。换句话说，它们不是我们所熟知的照片，而是超现实的、由计算机生成的模拟图片。即便我们又一次不再相信自己的感觉，我们还是会发现自己落入了这些狡猾的陷阱。记者马克·威尔逊这样描述宜家的神奇之处："从本质上讲，宜家正在真实世界的规模中创造数字家具。"[5] 我希望从他这句话中我们可以清楚地看出，"在真实世界的规模中创造数字家具"是一个言语结构，它的不合逻辑性充分捕捉到了我们当下的陌生感。

我们在探索新的"底"时，从尺度或规模的角度来思考是一种重申"图"（即人体及其感官）的深层关联的手段。用亚里士多德的话来说，它是一种伦理，或者是一种将智慧恰当地付诸实践的方法。[6] 从尺度或规模的角度来思考是一种解开症结的方式，也是一种将人物与数字世界联系起来、将公民与其周围环境联系起来的方式。网络化的数字体验以我们无法预测的方式重塑了我们的感官。在计算机发展的早期，程序员们经常用"肉"来形容人体，这种说法弱化了人体与新的感知环境的关系。我们必须重新设计的是"存在",即以我们可能还没有完全掌握的方式更充分地占据数字和物理知识空间的能力。从规模的角度来思考可以帮助我们发挥想象力,通过更有效、更有创意的方式重塑我们的身体和我们的社会自我,使其融入数字世界,从而达到重新调整自身存在的目的。奥巴代克夫妇利用数据将人类的生命重新注入数据之中,帮助我们看到机器正在以破坏性的方式助长暴力和种族主义。面对十字路口的混乱局面,汉斯·蒙德曼把人的身体和汽车放在同一条道路上,并让我们冒险找出如何和平共处的方法。

为了通过规模将人类的智慧付诸实践,我在这本书中提出了一些策略,试图重新连接身体、感官与非物质的、纠缠的基础之间的关系。就像戴维·麦坎德利斯或卡拉·沃克一样,我们可以用图像与故事来对冲人类向定量抽象和更大数据的非人道漂移。借用埃姆斯夫妇的理论,我们可以发展出一种标量伦理,从而在面对复杂性时打破麻痹状态,认识到我们实际上还有其他选择,即使我们第一眼看不到它们。受开源社区的启发,我们能够设计出可利用多人的见解和经验的脚手架,而不是只局限于少数人的专业知识。不过,最重要的是,我们必须放弃控制和战胜我们所面对的混乱的冲动想法,并学会在一种动态的协调、对话、反馈和对抗的舞蹈中拥抱我们复杂的系统。

人类创造的魔力、奇迹和各种看不见的力量一直围绕在我们身边:我们每时每刻都被来自无线电波、蜂窝网络和无线局域网的动画波湮没(更不用说老式的电力了),但我们甚至都没有注意到这一点。尽管我们可能还没有完全了解这一切对大脑和气候的影响，但它们毫不费力、奇迹般地把我们的环境变得栩栩如生。也许在未来，我们人类的感觉器官将会进化或扩展，以满足这一新的基础架构：我们最终可能会摄取数据，嗅出可疑的网络，并透过复杂性看到更深层次的真相。

规模那惊人的内部运作方式可以突破各种仪器，令我们惴惴不安。与复杂性一样，规模也具有自身的特征、特质和模式。它颠覆一切，动摇一切，不时给人带来惊喜。我们无法强迫标量现象屈从于我们的意志。在电子时代来临之前，我们的身体以相对可预测的方式来适应我们的世界。这种情况现在已经不复存在。从工业化到信息化的演变，从原子到比特的转变，以及错综复杂的网络所带来的令人困惑的影响，都重新塑造了我们的能力，使我们的旧地图变得无足轻重。这些重新配置存在的策略可以帮助我们在迷茫中重新定位自己。它们不是答案，而是一种以截然不同的方式思考规模的方法。我们对规模及其趋势的协调将变得更加精准。我们永远无法掌控变幻莫测的规模，但或许我们可以更好地接受它们，并将它们令人不安的逻辑融入我们的策略之中，以重新创造各种可能性。

致　谢

本书能够出版，是因为有太多的人给予了善意、明智和慷慨的支持，以至于我无法准确地全部回忆起来，并向他们表示衷心的感谢。本书是成百上千次闲聊、即兴评论和好奇问题的产物，这些问题促使我探索如何思考规模和我们的日常经验之间的关系。

有几个人的见解令我难以忘怀，但他们持续不断的指导和友谊对我的影响更大。下面所列的每一个人都以炽烈而持久的方式扩展了我的视野：葆拉·安东内利、戴维·科姆伯格、托尼·邓恩和菲奥娜·雷比、安东尼·吉多、乔治·马库斯、蒂姆·马歇尔、迈克·麦科伊和凯瑟琳·麦科伊、乔纳斯·米尔德、已故的伟大的比尔·莫格里奇、简·尼塞尔森、布鲁斯·努斯鲍姆、安娜·瓦尔托宁，当然还有塔克·维梅斯特，他们在我还不知道自己可能适合设计专业的时候就把我吸引到了这个行当。

我还有幸与一群令人惊叹的朋友保持了数十年的联系，我对他们的感激之情难以言表，他们是让-文森特·布兰查德、克里斯托夫·考克斯、布鲁斯·格兰特、马戈·格拉斯、丹·罗森堡和萨拉·韦尔多内（我每天都想念他们的光芒和幽默）。

在我的职业生涯中，有很多了不起的同事让这次冒险变得更有趣，也更有启发性，他们是帕蒂·贝尔尼、拉杰什·比利莫里亚、艾瑟·比尔塞尔、安德鲁·布劳维尔特、罗恩·伯内特、希瑟·查普林、克莱夫·迪尔诺特、卡尔·迪萨尔沃、弗雷德·杜斯特、莉萨·格罗科特、希拉里·杰伊、纳塔莉·耶雷米延科、科琳·麦克林、艾莉森·米尔斯、米奥德拉格·米特拉西诺维奇、简·皮罗内、休·拉弗尔斯、阿曼达·拉莫斯、马唐·拉蒂南、约翰·雷德斯特伦、鲁帕尔·桑格威、拉迪卡·苏布拉马尼亚姆、乔尔·托尔斯、利蒂希娅·沃尔夫和苏珊·耶拉维奇。

20多年来，我有幸参加了由迈克·麦科伊和凯瑟琳·麦科伊在落基山脉举办的令人难以置信的夏季设计对话。这种对话活动不仅为我提供了一个可以参与其中的社区，而且提供了难得的机会，让我得以在一群热情开放、批评热烈和略微刻薄的同事面前展示自己的新想法。我在那里遇到的人实在太多了，在此无法一一提及，不用我说，这些人也知道我说的是他们。

教学是一件令人兴奋的事，我可以与那些聪明而有创造力的头脑打交道。他们不断挖掘我的假设，推动我的思考不断深入。我在本书中和其他地方写的很多东西，都是我与艺术大学工业设计硕士项目和帕森斯跨学科设计项目的学生（多达数百人）进行复杂而激动人心的对话的直接产物。

有时间和空间来写一本书是一种荣幸。感谢新学院给了我休假的时间，让我完成了本书的手稿，然后完成了本书。我写书的计划比写书花的时间还要长。如果没有安德鲁·布卢姆和休·拉弗尔斯，我就不可能完成本书。当我不知道该如何去写时，他们都和我分享了他们的建议。与我偶然相识的西蒙娜·阿胡贾把她的经纪人介绍给我，这位经纪人后来也成了我的经纪人。我将永远珍惜阿胡贾对我表现出的非同一般的善意。超级经纪人布里奇特·马齐从不让我放弃，但也从不妥协——直到我的书稿大纲好到可以拿给出版商看为止。在此期间，我有幸遇到了我在大中央出版社的编辑格蕾琴·扬。她通过富有洞察力的反馈和令人兴奋的热情，精确地平衡了本书的内容，使本书最终呈现出现在的面貌。任何措辞不当和逻辑上的跳跃都归于我个人原因。在本书出版过程中，大中央出版社的埃米莉·罗斯曼、鲍勃·卡斯蒂略、黑利·韦弗和艾伯特·唐在关键时刻给我提供了一流的帮助。本书因他们的帮助而变得更加出色。同样也要感谢我那位勇敢的研究助理瑞安·韦斯特法尔，他满世界地忙活，帮我申请复制如此多图像所需的许可。

我来自一个庞大的家族——这个家族的成员超过25个，而且人数还在不断增加。我所做的每一件事都能反映出每个兄弟姐妹的影子。这个庞大的家族还包括我的两位姻亲——米勒德·朗和简西斯·朗，他们对本书表现出极大的兴趣，并提出了许多问题，促使我不断深入思考。最应该感激的是我的父母詹姆斯·亨特和辛西娅·亨特。他们从小就培养了我的好奇心，并一直支持我的各种任性的，有时甚至是轻率的兴趣。我真的希望妈妈还和我们在一起，这样我就能看到她在本书出版时露出的微笑。我的两个孩子，费利克斯和艾薇分别以截然不同的方式给我带来灵感。最后，我要感谢我心中的那位才华横溢、勇敢无畏而又闪闪发光的明星——朱迪丝。没有她的爱、支持和关怀，就不会有本书的存在。希望我也以同样的方式回报了你的厚爱。

注 释

引 言　1GB 有多重

1. Cal Newport, "Is Email Making Professors Stupid?" *Chronicle Review*, February 12, 2019, https://www.chronicle.com/interactives/is-email-making-professors-stupid.
2. Michael M. Grynbaum, "Even Reusable Bags Carry Environmental Risk," *New York Times*, November 14, 2010.
3. Dale Russakoff, "Schooled: Cory Booker, Chris Christie, and Mark Zuckerberg Had a Plan to Reform Newark's Schools. They Got an Education," *New Yorker*, May 19, 2014.
4. Michel Foucault, *The Order of Things: An Archaeology of the Human Sciences* (New York: Vintage Books, 1970), xv.

第一章　科学的精确性

1. *This Is Spinal Tap*, directed by Rob Reiner, USA: Embassy Pictures, 1984.
2. Jim Dykstra, "What's the Meaning of IBU?" in *The Beer Connoisseur*, February 12, 2015, https://beerconnoisseur.com/articles/whats-meaning-ibu.
3. "What is the Scoville Scale?" Pepper Scale, https://www.pepperscale.com/what-is-the-scoville-scale/ (accessed December 17, 2018).
4. Sarah Lyall, "Missing Micrograms Set a Standard on Edge," *New York Times*, February 12, 2011, https://www.nytimes.com/2011/02/13/world/europe/13kilogram.html.

5. Quoted in Robert P. Crease, *World in the Balance: The Historic Quest for an Absolute System of Measurement* (New York: W. W. Norton, 2011), 131.
6. Crease, *World in the Balance*, 119.
7. Bureau International des Poids et Mesures, *The International System of Units*, 8th ed. (Paris: Stedi Media, 2006), 112–16.
8. 本书即将成书之际，2018 度量衡大会于 2018 年 11 月 16 日宣布，经过一个多世纪的使用，由铂铱合金制成的国际千克原器将被淘汰。从 2019 年 5 月 20 日开始，官方的千克将由一个通用的物理标准来定义："千克，符号 kg，是国际单位制的质量单位。它的定义是，用单位 J·S（即 $kg·m^2·s^{-1}$）表示时，普朗克常数 h 的固定数值为 $6.626\ 070\ 15 \times 10^{-34}$，其中米（m）和秒（s）用 c 和 ∆vCs 来定义。"Brian Resnick, "The World Just Redefined the Kilogram," Vox, November 16, 2018, https://www.vox.com/science-and-health/2018/11/14/18072368/kilogram-kibble-redefine-weight-science.
9. Crease, *World in the Balance*, 38.
10. "Member States," Bureau International des Poids et Mesures, http://www.bipm.org/en/about-us/member-states/ (accessed December 17, 2018).
11. Crease, *World in the Balance*, 96.
12. Bureau International des Poids et Mesures, *S.I.*, 112.
13. Crease, *World in the Balance*, 223.
14. Kern Precision Scales, "The Gnome Experiment," http://gnome-experiment.com (accessed May 1, 2019).
15. J. C. R. Hunt, "A General Introduction to the Life and Work of L. F. Richardson," in Oliver M. Ashford, H. Charnock, P. G. Drazin, J. C. R. Hunt, P. Smoker, and Ian Sutherland, eds., *The Collected Papers of Lewis Fry Richardson*, vol. 1, *Meteorology and Numerical Analysis*, gen. ed. P. G. Drazin (Cambridge: Cambridge University Press, 1993), 8.
16. 当谈到规模的物理定律时，杰弗里·韦斯特在书中如此写道："通常而言，如果不阐明用于测量的尺子的精度，引用测量数值就是毫无意义的。" Geoffrey West, *Scale: The Universal Laws of Growth, Innovation, Sustainability, and the Pace of Life in Organisms, Cities, Economies, and Companies* (New York: Penguin Press, 2017), 140.
17. "International Atomic Time (TAI)," Bureau International des Poids et Mesures, https://www.bipm.org/en/bipm-services/timescales/tai.html (accessed March 30, 2019).

18. "Insertion of a Leap Second at the End of December 2016," Bureau International des Poids et Mesures, https://www.bipm.org/en/bipm-services/timescales/leap-second.html (accessed March 30, 2019).
19. Luke Mastin, "Time Standards," Exactly What Is... Time? http://www.exactlywhatistime.com/measurement-of-time/time-standards/(accessed March 30, 2019).

第二章 图底关系

1. Walter Benjamin, "On Some Motifs in Baudelaire," in *Illuminations: Essays and Reflections*, ed. Hannah Arendt, trans. Harry Zohn (New York: Schocken Books, 1969), 175.
2. Elizabeth Blair, "Some Artists Are Seeing Red over a New 'Black,'" NPR, March 3, 2016, http://www.npr.org/sections/thetwo-way/2016/03/03/469082803/some-artists-are-seeing-red-over-a-new-black.
3. "FAQs," Surrey NanoSystems, http://www.surreynanosystems.com/vantablack/faqs (accessed March 8, 2016).
4. "FAQs," Surrey NanoSystems.
5. "How Black Can Black Be?" BBC News, September 23, 2014, http:// www.bbc.com/news/entertainment-arts-29326916.
6. "Nielsen: "Nearly Half of All Available Time Now Spent with Media," Insideradio.com, December 12, 2018, http://www.inside radio.com/free/nielsen-nearly-half-of-all-available-time-now-spent-with/article_7b988596 -fddd-11e8-a4ec-9795e181ae0d.html.

第三章 突破极限

1. F. W. Went, "The Size of Man," *American Scientist* 56, no. 4 (Winter 1968): 409.
2. Went, "Size of Man," 407.
3. Molly Webster, "Goo and You," *Radiolab*, Podcast audio, January 17, 2014, http://www.radiolab.org/story/black-box/.
4. Douglas Blackiston, Elena Silva Casey, and Martha Weiss, "Retention of Memory through Metamorphosis: Can a Moth Remember What It Learned As a Caterpillar?" in PLOS|ONE (March 05, 2008), DOI: 10.1371/journal.pone.0001736.
5. Jim Al-Khalili and Johnjoe McFadden, "You're Powered by Quantum

Mechanics, No Really...," *Guardian*, October 25, 2014, http://www.theguardian.com/science/2014/oct/26/youre-powered-by-quantum-mechanics-biology.

6. Toncang Li and Zhang-Qi Yin, "Quantum Superposition, Entanglement, and State Teleportation of a Microorganism on an Electromechanical Oscillator," Cornell University, September 12, 2015, updated January 9, 2016, arXiv:1509.03763 [quant-ph].

7. Chris Anderson. *Free: How Today's Smartest Businesses Profit by Giving Something for Nothing* (New York: Hyperion, 2009), 12.

8. Anderson, *Free*, 52.

9. Anderson, *Free*, 154.

10. Anderson, *Free*, 128.

11. Anderson, *Free*, 161.

12. Carolyn Kellogg, "Chris Anderson's almost-'Free,' Kindle Price Drop and More Book News," *Los Angeles Times*, July 9, 2009, http://latimes blogs.latimes.com/jacketcopy/2009/07/chris-andersons-almost-free-and-more-book-news.html.

13. 似乎这个由标量驱动的经济镜厅还不够令人困惑,同样要指出的是,克里斯·安德森在发表一篇关于"免费和自由"的论文时,也陷入了一场相当不愉快的丑闻:沃尔多·贾奎思在《弗吉尼亚评论季刊》上撰文,指责安德森剽窃了维基百科的内容。安德森立即承认这属于引用不当,暗示这或多或少是他和出版商在引用时犯了技术上的错误。他声称对这一违规行为负责,但这一讽刺事件确实令人痛心。显然,对剽窃者来说,他们的敌人是互联网的普及。Ryan Chittum, "*LA Times* Soft-Pedals *Wired* Editor's Plagiarism," *Columbia Journalism Review*, June 29, 2009, http://www.cjr.org/the_audit/lat_softpedals_wired_editors_p.php?signup=1&signup-main=1&signup-audit=1&input -name=&input-email=&page=1.

14. Kevin Kelleher, "Amazon's Secret Weapon Is Making Money Like Crazy," *Time*, October 23, 2015, http://time.com/4084897/amazon-amzn-aws/.

15. Alex Hern, "Fitness Tracking App Strava Gives Away Location of Secret US Army Bases," *Guardian*, January 28, 2018, https://www.theguardian.com/world/2018/jan/28/fitness-tracking-app-gives-away-location-of-secret-us-army-bases.

16. Vera Bergengruen, "Foursquare, Pokémon Go, And Now Fitbit—The US Military's Struggle With Popular Apps Is Not New," Buzzfeed.news, January

29, 2018, https://www.buzzfeednews.com/article/verabergengruen/foursquare-pokemon-go-and-now-fitbits-the-us-militarys.

17. Doug Laney, "3D Data Management: Controlling Data Volume, Velocity, and Variety," Meta Group report, February 6, 2001, https://study lib.net/doc/8647594/3d-data-management--controlling-data-volume--velocity--an... (accessed June 24, 2019).

18. John Gantz and David Reinsel, "Extracting Value from Chaos," in IDC iView (Sponsored by EMC Corporation), June 2011, 1–12.

19. Jennifer Dutcher, "What is Big Data?" datascience@Berkeley, Berkeley School of Information, September 3, 2014, available at https://gijn.org/2014/09/09/what-is-big-data/.

20. Gantz and Reinsel, "Extracting Value," 7.

第四章 不易觉察的暴力

1. Jameel Jaffer, "Artist Trevor Paglen Talks to Jameel Jaffer About the Aesthetics of NSA Surveillance," ACLU, September 24, 2015, https:// www.aclu.org/blog/speak-freely/artist-trevor-paglen-talks-jameel-jaffer-about-aesthetics-nsa-surveillance.

2. Manoush Zomorodi and Alex Goldmark, "Eye in the Sky," *RadioLab*, podcast audio, June 18, 2015, http://www.radiolab.org/story/eye-sky/.

3. "Angel Fire," GlobalSecurity.org, http://www.globalsecurity.org/intell/systems/angel-fire.htm (accessed July 21, 2016).

4. Zomorodi and Goldmark, "Eye in the Sky."

5. Max Goncharov, "Russian Underground 101," Trend Micro Incorporated Research Paper, 2012, 12.

6. "Digital Attack Map," http://www.digitalattackmap.com (accessed December 2, 2015).

7. Igal Zeifman, "Q2 2015 Global DDoS Threat Landscape: Assaults Resemble Advanced Persistent Threats," Blog, Incapsula, July 9, 2015, https://www.incapsula.com/blog/ddos-global-threat-landscape-re port-q2-2015.html.

8. Emil Protalinski, "15-Year-Old Arrested for Hacking 259 Companies," ZDNet, April 17, 2012, http://www.zdnet.com/article/15-year-old-arrested-for-hacking-259-companies/.

9. Associated Press and MSNBC Staff, "Teen Held over Cyber Attacks Targeting

US Government," Security on NBCnews.com, June 8, 2011, http://www.nbcnews.com/id/43322692/ns/technology_and_science-security/t/teen-held-over-cyber-attacks-targeting-us-government/#.VoqeOIRQh-P.

10. Mark Scott, "Teenager in Northern Ireland Is Arrested in TalkTalk Hacking Case," *New York Times*, October 27, 2015, http//www.nytimes.com/2015/10/28/technology/talktalk-hacking-arrest-northern-ireland.html?_r=0.

11. Chris Pollard, "The Boy Hackers: Teenagers Accessed the CIA, USAF, NHS, Sony, Nintendo... and the Sun," *Sun*, June 25, 2012, https:// www.thesun.co.uk/archives/news/712991/the-boy-hackers/.

12. Samuel Gibbs and Agencies, "Six Bailed Teenagers Accused of Cyber Attacks Using Lizard Squad Tool," *Guardian*, August 28, 2015, http:// www.theguardian.com/technology/2015/aug/28/teenagers-arrested-cyber-attacks-lizard-squad-stresser.

13. Kim Zetter, "Teen Who Hacked CIA Director's Email Tells How He Did It," *Wired*, October 19, 2015, http://www.wired.com/2015/10/hacker-who-broke-into-cia-director-john-brennan-email-tells-how-he-did-it/.

14. Nicole Perlroth, "Online Attacks on Infrastructure Are Increasing at a Worrying Pace," *Bits* (blog), *New York Times*, October 14, 2015, https:// bits.blogs.nytimes.com/2015/10/14/online-attacks-on-infrastructure-are-increasing-at-a-worrying-pace/.

15. Perlroth, "Online Attacks."

16. John Arquilla and David Ronfeldt, "The Advent of Netwar (Revisited)," in John Arquilla and David Ronfeldt, eds., *Networks and Netwars: The Future of Terror, Crime, and Militancy* (Santa Monica, CA: Rand Corporation, 2001), 6–7.

17. 在此我要感谢尹素英让我认识到了奥巴代克夫妇的工作，感谢尹素英的文章："Do a Number: The Facticity of the Voice, or Reading Stop-and-Frisk Data," *Discourse: Journal for Theoretical Studies in Media and Culture* 39, no. 3 (2017)。

18. Mendi and Keith Obadike, "Numbers Station 1 [Furtive Movements]—Excerpt," filmed at the Ryan Lee Gallery, 2015, video, 2:47, YouTube, https://www.youtube.com/watch?v=PuLzv53gM_o (accessed November 14, 2018).

第五章　给无形赋予形式

1. "Long and Short Scales," Wikipedia, https://en.wikipedia.org/wiki/Long_and_

short_scales (accessed November 10, 2015).

2. 2014年11月，科技作家、《连线》杂志联合创始人凯文·凯利在推特上发表了如下言论："难怪我感到困惑。十亿不是十亿，一千万亿不是一千万亿。它们到底是多少取决于你在哪个国家。能改一改？" Twitter, November 20, 2014, https://twitter.com/kevin2kelly/status/535526708552945664.

3. "Long and Short Scales."

4. "Indian Numbering System," Wikipedia, https://en.wikipedia.org/wiki/Indian_numbering_system (accessed November 10, 2015).

5. Tom Geoghegan, "Is Trillion the New Billion?" *BBC News Magazine*, October 28, 2011, http://www.bbc.com/news/magazine-15478580.

6. 在其名为"信息是美丽的"的著名网站上，戴维·麦坎德利斯将如何可以用数万亿美元来计算的东西可视化了。具体参见 "$Trillions," Information Is Beautiful, https://informationisbeautiful.net/visualizations/ trillions-what-is-a-trillion-dollars/。

7. Geoghegan, "Is Trillion the New Billion?"

8. 提升情感的两个关键因素是形象和注意力。正如保罗·斯洛维奇在《精神麻木和种族灭绝》一文中所写的那样："在经验系统中，图像是情感的基础，无论是积极的还是消极的情感都会依附于图像。这里所说的系统中的图像不仅包括重要的视觉图像，还包括文字、声音、气味、记忆和我们想象的产物。"具体参见 Paul Slovic, "Psychic Numbing and Genocide," American Psychological Association, November 2007, http://www.apa.org/science/about/2007/11/slovic.aspx。

9. 大规模枪击事件的数据来源于枪击暴力档案，"过去事件分类账目"，https://www.gunviolencearchive.org/ past-tolls (accessed May 4, 2019); election spending in the U.S. from "The Cost of Election," OpenSecrets.org, https://www.opensecrets.org/overview/cost.php (accessed May 4, 2019).

10. David McCandless, "The Billion Dollar-o-Gram 2013," Information Is Beautiful, http://informationisbeautiful. net/visualizations/billion-dol lar-o-gram-2013/ (accessed December 9, 2015).

11. 在此我要感谢我的同事明迪·富利洛夫博士，是她让我注意到这个"400年的不平等"的框架。这个网站有她的文章：http://www.400yearsofinequality.org。

12. Tatiana Schlossberg, "Japan Is Obsessed with Climate Change. Young People Don't Get It," *New York Times*, December 5, 2016, https://www.nytimes.

com/2016/12/05/science/japan-global-warming.html.
13. Hendrik Hertzberg, *One Million* (New York: Abrams, 2009), x.

第六章 标量框架

1. Astronaut photograph AS17-148-22727 courtesy NASA Johnson Space Center Gateway to Astronaut Photography of Earth, https://eol.jsc.nasa.gov/SearchPhotos/photo.pl?mission=AS17&roll=148&frame=22727.
2. Kees Boeke, *Cosmic View: The Universe in 40 Jumps* (New York: John Day, 1957).
3. 然而，在 10 的次方范围内，社会单位（个人、家庭、社区等）变成地理单位（城市、地区、国家等）。随着这种规模的变动，一种微妙的类别变化将会出现。从某种程度上来看，这是因为我们很难设想出跨越城市人口的社会单位。
4. 在其著作《植物的欲望——植物眼中的世界》（纽约：兰登书屋，2001 年）中，迈克尔·波伦展示了 4 种特定的栽培品种（苹果、郁金香、大麻、土豆）如何利用人类的倾向来推进它们自己的基因发展。这些事例让我们知道，忽视了它们的代理能力，极易显示人类的短视，还会带来危害环境的风险。
5. "Bicycle Production Reaches 130 Million Units," Worldwatch Institute, http://www.worldwatch.org/node/5462 (accessed February 3, 2016). 其数据来自"World Players in the Bicycle Market," in John Crenshaw, "China's Two-Wheeled Juggernaut Keeps Rolling Along," *Bicycle Retailer and Industry News*, (April 1, 2006), 40。
6. 下面这个例子的图像取材于谷歌地图公司的纽约市卫星图像。地图数据版权归属于 Google, Maxar Technologies。
7. Donella Meadows, *Thinking in Systems* (White River Junction, VT: Chelsea Green Publishing, 2008), 108.

第七章 搭建脚手架

1. Cade Metz, "Google Is 2 Billion Lines of Code—and It's All in One Place," *Wired*, September 16, 2015, http://www.wired.com/2015/09/google-2-billion-lines-codeand-one-place/.
2. "Linux Kernel Development: Version 4.13," The Linux Foundation, https://www.linuxfoundation.org/2017-linux-kernel-report-landing-page/(accessed on

March 30, 2019).

3. Linus Torvalds, quoted in Steven Weber, *The Success of Open Source*(Cambridge MA: Harvard University Press, 2004), 55.
4. Weber, *Open Source*, 67.
5. Linus Torvalds, quoted in Weber, *Open Source,* 90.
6. "Usage Share of Operating Systems," Wikipedia, last modified December, 19, 2018, https://en.wikipedia.org/ wiki/Usage_share_of_operating_systems (accessed December, 21, 2018).
7. Quentin Hardy, "Microsoft Opens Its Corporate Data Software to Linux," *New York Times*, March 7, 2016, https://www.nytimes.com/2016/03/08/technology/microsoft-opens-its-corporate-data-software-to-linux.html.
8. 2018年9月,《纽约客》杂志报道称,林纳斯·托瓦兹放弃了他在 Linux 源代码上的"仁慈独裁者"角色,以解决他在管理软件开发过程中对他人的刻薄和辱骂问题。详见 Noam Cohen, "After Years of Abusive E-mails, the Creator of Linux Steps Aside," *New Yorker*, September 19, 2018, https://www.newyorker.com /science/elements/after-years-of-abusive-e-mails-the-creator-of-linux-steps-aside。

第八章 拥抱复杂性

1. Paul Ehrlich and Anne Ehrlich, *The Population Explosion* (New York: Simon & Schuster, 1990), 36–37.
2. John Morthland, "A Plague of Pigs in Texas," Smithsonian.com, January 2011, http://www.smithsonianmag. com/science-nature/a-plague-of-pigs-in-texas-73769069/#Mj1QzdFSOEhxZDVu.99.
3. Kyle Settle, "Virginia Feral Hog Population Becoming a Major Nuisance," Wide Open Spaces, October 2, 2014, http://www.wideopen spaces.com/feral-hog-population-exploding-virginia/.
4. Morthland, "Plague of Pigs."
5. Horst Rittel and Melvin Webber, "Dilemmas in a General Theory of Planning," *Policy Sciences* 4 (1973), 169.
6. Christopher C. M. Kyba et al., "Artificially Lit Surface of Earth at Night Increasing in Radiance and Extent," *Science Advances*, November 22, 2017, https://advances.sciencemag.org/content/3/11/e1701528.
7. Donella Meadows, *Thinking in Systems* (White River Junction, VT:Chelsea

Green Publishing, 2008), 168–9.
8. Meadows, *Systems*, 170.
9. 梅多斯倍加重视设计——"系统不能被控制，但它们可以被设计和重新设计"（梅多斯，《系统之美》，169 页）。里特尔和韦伯也得出了类似的结论："社会问题永远无法一劳永逸地得到解决。"最好的情况是，它们只会被一次又一次地解决（里特尔和韦伯，《困境》，160 页）。
10. Tom Vanderbilt, "The Traffic Guru," *Wilson Quarterly*, Summer 2008,http://archive.wilsonquarterly.com/essays/ traffic-guru.
11. Vanderbilt, "Traffic Guru."
12. 在此我要感谢我的侄子安德鲁·弗维尔，他为我统计了街道标识的数量。
13. Vanderbilt, "Traffic Guru."

第九章 "存在"问题

1. George E. P. Box, J. Stuart Hunter, and William G. Hunter, *Statistics for Experimenters: Design, Innovation and Discovery*, 2nd ed. (Hoboken, NJ: Wiley Interscience, 2005), 440.
2. Jorge Luis Borges, "On Exactitude in Science" in *The Aleph and Other Stories*, trans. Andrew Hurley (New York: Penguin, 2000), 181.
3. Casey N. Cep, "The Allure of the Map," *New Yorker*, January 22, 2014.
4. Bill Gaver, "SonicFinder," uploaded 2016, video, 2:44, Vimeo, https:// vimeo.com/channels/billgaver /158610127. Thanks to Shannon Mattern for this reference.
5. Mark Wilson, "75% of Ikea's Catalog Is Computer Generated Imagery: You Could Have Fooled Us. Wait, Actually, You Did," *Fast Company*, August 29, 2014, https://www.fastcompany.com/3034975/75-of-ikeas-catalog-is-computer-generated-imagery.
6. Jonathan Foote, "Ethos Pathos Logos: Architects and Their Chairs," in *Scale: Imagination, Perception, and Practice in Architecture*, eds. GeraldAdler, Timothy Brittain-Catlin, and Gordana Fontana-Giusti(New York: Routledge, 2012), 160.